21世纪高等学校规划教材 | 计算机应用

计算机操作系统实训教程

葛艳 杜军威 曹玲 江守寰 编著

清华大学出版社
北京

内容简介

本书由浅入深地介绍了基于 Linux 和 Windows 操作系统设计的实验项目。全书分为 3 篇，共 12 章。第一篇介绍基于 Linux 环境的实验项目，包括 Linux 系统的安装和使用、进程管理、进程通信、文件系统等实验。第二篇介绍基于 Windows 环境的实验项目，包括线程创建、同步与互斥，管道通信及内存管理等实验。第三篇介绍综合实训实验项目，包括 Linux 环境下基于套接字和 GTK＋的图形界面聊天程序设计；Windows 环境下基于套接字的聊天程序设计，基于索引节点的文件系统设计和多线程程序设计等实验项目。

本书内容丰富，覆盖面较广，可以作为计算机科学与技术、软件工程、电子信息、信息与计算科学等高等院校信息类相关专业的操作系统原理课程实验教材，也可以作为操作系统课程设计、UNIX 程序设计等课程的实践环节教材。

图书在版编目（CIP）数据

计算机操作系统实训教程/葛艳等编著. --北京：清华大学出版社，2012.8（2022.7 重印）
21 世纪高等学校规划教材·计算机应用
ISBN 978-7-302-28834-3

Ⅰ. ①计… Ⅱ. ①葛… Ⅲ. ①操作系统－高等学校－教材 Ⅳ. ①TP316

中国版本图书馆 CIP 数据核字（2012）第 101949 号

责任编辑：梁 颖 李 晔
封面设计：傅瑞学
责任校对：白 蕾
责任印制：杨 艳

出版发行：清华大学出版社
网 址：http://www.tup.com.cn，http://www.wqbook.com
地 址：北京清华大学学研大厦 A 座 **邮 编**：100084
社 总 机：010-83470000 **邮 购**：010-62786544
投稿与读者服务：010-62776969，c-service@tup.tsinghua.edu.cn
质量反馈：010-62772015，zhiliang@tup.tsinghua.edu.cn
课件下载：http://www.tup.com.cn，010-83470236
印 装 者：北京国马印刷厂
经 销：全国新华书店
开 本：185mm×260mm **印 张**：14 **字 数**：341 千字
版 次：2012 年 8 月第 1 版 **印 次**：2022 年 7 月第 10 次印刷
印 数：7201～8000
定 价：39.00 元

产品编号：045294-02

前言

操作系统是计算机专业的核心基础课程，也是信息类相关专业的必修课程。该课程具有内容庞杂、知识点多、涉及面广、概念抽象、理论性强、实践性强等特点，是一门理论和实践并重的课程。操作系统课程的教学不仅要讲授抽象的概念原理，还需要通过上机编程实验才能让学生更好地理解和掌握操作系统的基本理论知识。

随着教学研究的深入开展、专业培养体系改革的不断深化，需要针对专业人才培养层次特点设计不同类型的实验项目，包括设计与理论课程结合，与实际应用结合以及与工程实践结合的实验项目，提高学生的综合应用能力。本书针对培养"应用型和工程型"人才这一目标，是适合操作系统原理课程配套实验以及课程设计的实训教程。

本书分为3篇：

第一篇为基于Linux操作系统的实验指导。以目前流行的Linux版本Ubuntu系统为平台，设计了一组基于Linux环境的实验，包括Linux系统的安装与使用、进程管理、进程通信、文件系统等内容，特别是针对进程管理中fork、exec等重要函数，进程通信部分的信号、消息队列、管道、信号量等通信形式设计了针对性的实验。

第二篇为基于Windows操作系统的实验指导。设计了在Visual C++环境下线程创建、同步与互斥，管道通信及内存管理等实验，以满足Windows环境下进行操作系统实验的需要。

第三篇为综合实训。针对课程设计和实训教学环节的需要，设计了Linux环境下基于套接字和GTK+的图形界面聊天程序设计；Windows环境下基于套接字的聊天程序设计，基于索引节点的文件系统设计和多线程程序设计等实验项目。

本书每一部分实验都按照实验内容、实验目的、实验指导、参考程序进行编排，每个实验都给出了所用到的系统调用函数的详细描述、源代码、注释、运行说明以及结果分析，方便教师教学和学生自学。

本书编写者均为从事多年操作系统教学的专业教师，教学中注重通过实践环节解决学生对理论知识的理解和实际应用。经过多年的教学实践，已形成实验讲义并连续使用多年，效果反映良好。本书即在已有讲义的基础上，参考国内外出版的操作系统实验教材，完善了操作系统课程的实践教学体系，能够满足各类专业操作系统课程实践教学以及操作系统课程设计和实训等实践教学环节的需求。

本书在实验项目的设置上既考虑课程体系知识点的要求，又注重课程实践应用的特点。本书可以作为高等院校计算机科学与技术、软件工程、电子信息、信息与计算科学等信息类相关专业的操作系统原理课程实验教材，也可以作为操作系统课程设计，UNIX程序设计等课程的实践环节教材。

本书第一篇由葛艳、杜军威和曹玲编写；第二篇由江守寰编写；第三篇由葛艳、杜军威、曹玲和江守寰编写，葛艳负责全书的统稿。

由于作者水平有限，书中难免有错误和疏漏之处，敬请读者提出宝贵意见。

编　者

2012年5月

目录

第一篇　基于 Linux 操作系统的实验指导

第二篇 基于 Windows 操作系统的实验指导

第一篇

基于Linux操作系统的实验指导

第1章 Linux系统的安装和使用

1.1 Linux 系统的基本操作及常用命令

1.1.1 实验目的

1. 学习如何安装和使用 Linux 操作系统。
2. 熟悉 Linux 操作系统的常用基本命令。

1.1.2 实验内容

1. 学习 VMware 软件的使用以及在 VMware 下安装 Ubuntu 操作系统。
2. 启动系统：通过虚拟机启动 Linux 系统。
3. 熟悉 Ubuntu 操作系统的使用界面和各项功能。
4. 目录操作(分别通过命令和鼠标操作完成,写出相应的命令)。

- 在/home/user(user 为以自己登录用户名命名的目录)目录下建立自己的子目录 mydir。
- 进入/home/user,查看创建的子目录,删除部分子目录。
- 进入子目录 mydir,再创建子目录 sub。

1.1.3 实验指导

1. Linux 的登录与退出

Linux 操作系统有两种常用系统登录方式：远程登录和本地登录。

1) 远程登录 Linux 操作系统

Linux 是典型的分时操作系统,有一个突出的特性,即只有被授权的用户才可以使用系统命令。装有 Linux 操作系统的服务器允许被授权用户在本机通过 Windows 操作系统提供的远程登录程序 telnet.exe 登录 Linux 操作系统。

格式：

```
telnet hostname(主机名)
```

或

```
telnet 主机的 IP 地址
```

例：

```
telnet 192.168.0.254
```

用户可以单击“开始”按钮，选择“运行”命令，在“打开”文本框中输入 telnet 命令，远程登录 Linux 操作系统。登录窗口如图 1-1 所示。

连接成功后，会提示用户输入用户名和密码，注意，Linux 所接受用户从键盘输入的用户密码没有任何显示，不像 Windows 会有“ * ”号提示，更具保密性。

```
login:     (输入用户名)
password:(输入密码)
```

用户若退出 Linux 系统，则需要在系统提示符 $ 下输入 logout 或 exit。

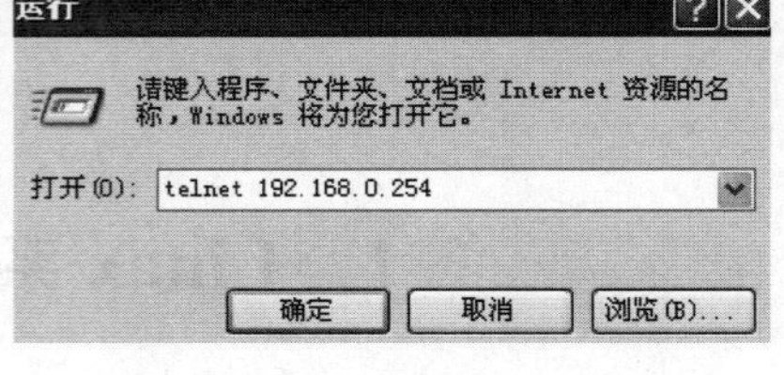

图 1-1 利用 telnet 命令远程登录 Linux 操作系统

2) 本地登录 Linux 操作系统

本部分以虚拟机环境下运行 Linux 操作系统为例，简要介绍 Linux 操作系统安装步骤和使用方法。VMware Workstation 是 VMware 公司设计的专业虚拟机软件，利用 VMware 可以在一台计算机上将硬盘和内存的一部分分出来虚拟出若干台机器，每台机器可以运行单独的操作系统而互不干扰。可以实现一台计算机同时运行多个操作系统，在每个操作系统可以运行各自的应用程序，操作系统之间可以互相通信。与“多启动”系统相比，VMware 采用了完全不同的概念。多启动系统在一个时刻只能运行一个系统，在系统切换时需要启动机器。VMware 是真正“同时”运行，多个操作系统在主系统的平台上，就像 Word/Excel 等标准 Windows 应用程序那样切换。

Ubuntu 是一个以桌面应用为主的 GNU/Linux 操作系统。下面以虚拟机软件 VMware Workstation 安装 Ubuntu 为例，介绍 Ubuntu 虚拟机的安装步骤：

(1) 双击桌面上的 VMware Workstation 图标，运行虚拟机。

(2) 建立一台虚拟机。单击 FILE(文件)→NEW(新建)→NewVirtual Machine(新建虚拟机)命令，弹出虚拟机创建菜单。

(3) 根据向导一步一步地创建虚拟机，首先选择安装方式是 TYPICAL(典型)还是 CUSTOM(自定义)。默认选择典型方式。

(4) 在 Guest operating system(客户操作系统)中选择 Linux，单击 Next 按钮。

(5) 在 Virtual machine name(虚拟机名字)中输入想建立的虚拟机的名字。

(6) 在 Location(位置)中选择虚拟机的安装位置。因为会在虚拟机中安装操作系统和应用软件，所以建议将虚拟机安装在一个有较大空间的磁盘分区中。

(7) 如果 Linux 操作系统需要连接网络，要选择一个合适的网络环境。

(8) 单击 Finish 按钮，返回 VMware 主界面，Linux 操作系统虚拟机就建好了。

双击桌面上的 VMware Workstation 图标，运行虚拟机软件，会出现如图 1-2 所示的主界面。

选中图 1-2 中左列下拉菜单中 Ubuntu 图标，单击菜单栏中的绿色箭头可以启动 Linux 操作系统。在如图 1-3 所示的登录窗口中，单击用户名，输入登录密码。成功登录 Ubuntu 的主界面如图 1-4 所示。

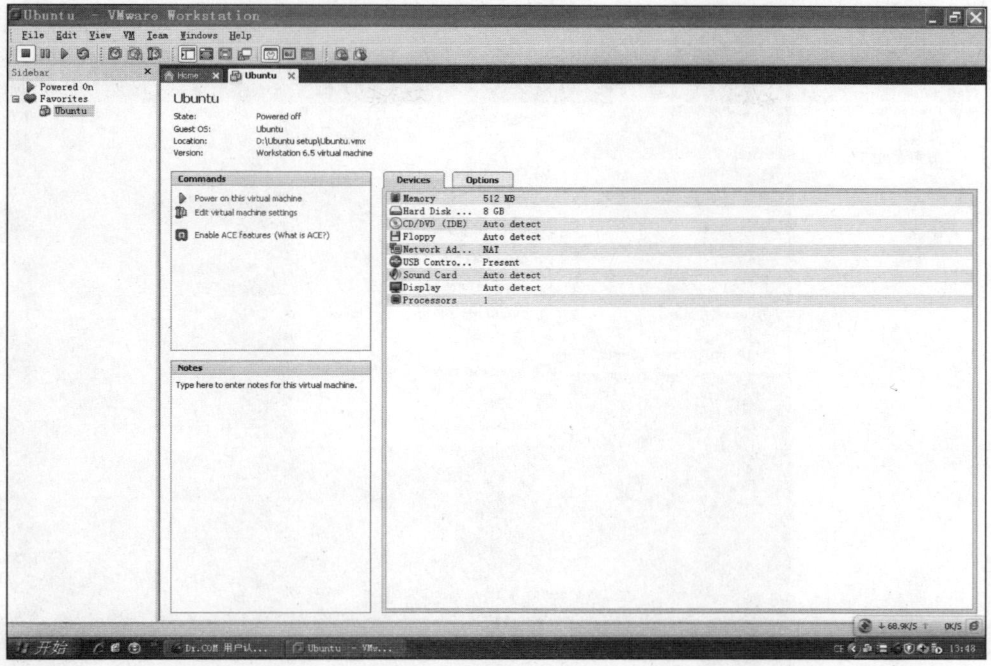

图 1-2　VMware Workstation 主界面

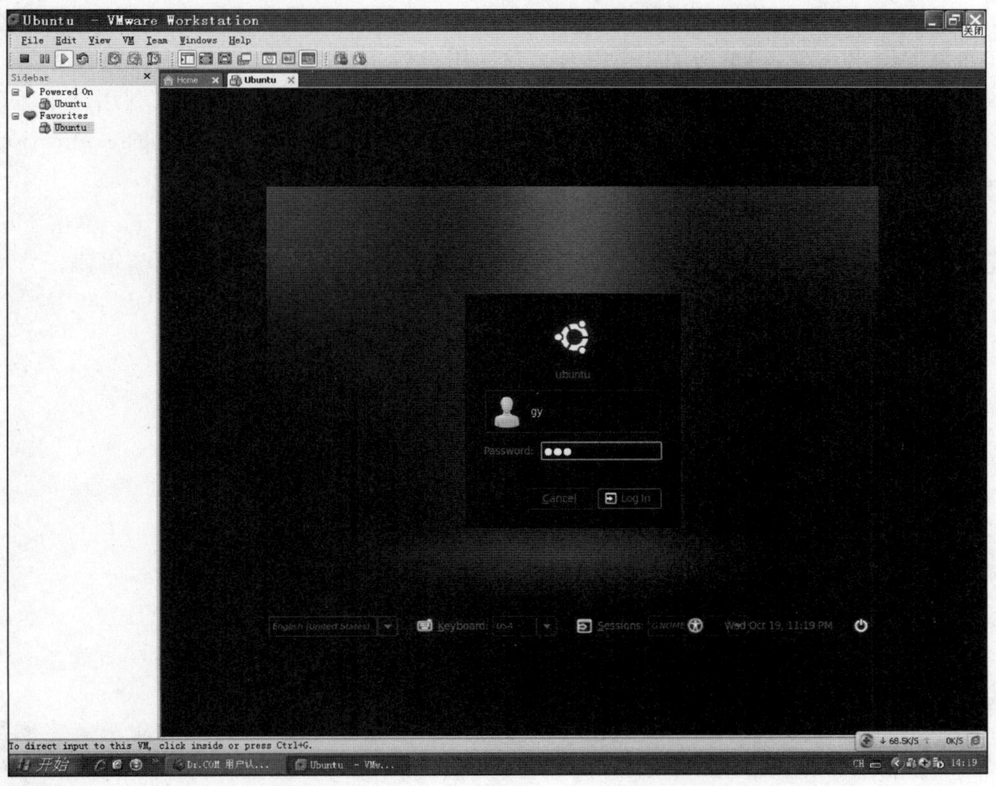

图 1-3　Ubuntu 登录窗口

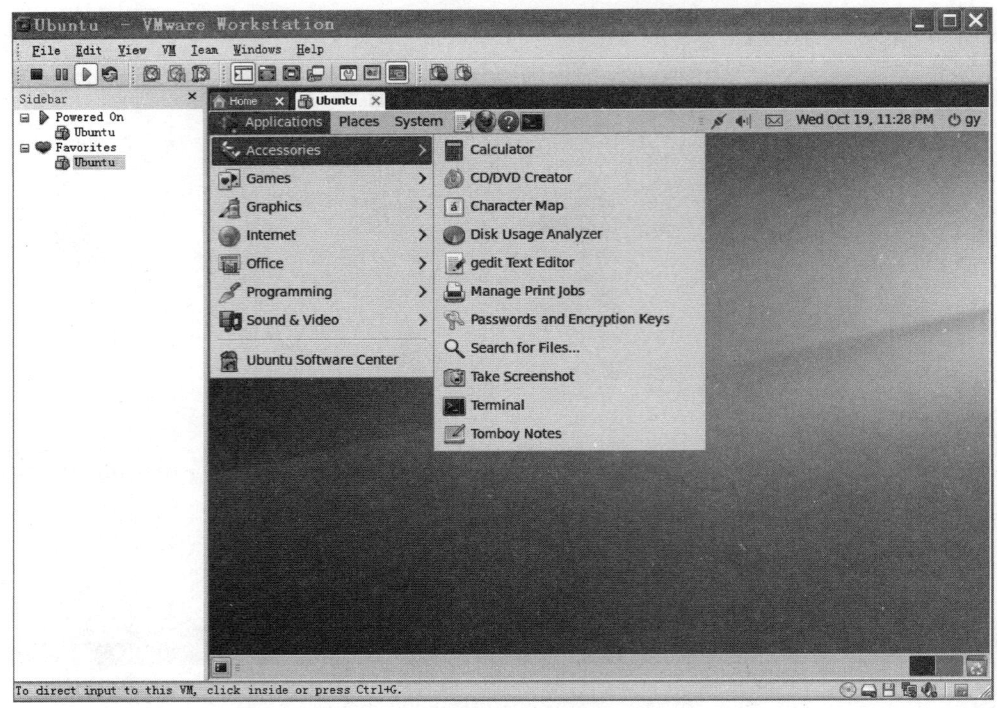

图 1-4 Ubuntu 主界面

如果要退出系统，则单击图 1-4 中右上角的用户名，选择 shut down 命令关闭系统。

Linux 系统提供的命令需要在 shell 环境下运行。在桌面环境下，可以利用终端程序进入 shell 界面(命令行界面)。进入方式如下：单击 Ubuntu 系统主菜单中的 Aplications→Accessories→Terminal 命令。

用户可以用文本编辑器(Gedit Text Editor)编写程序代码，打开方式如下：单击 Ubuntu 系统主菜单中的 Aplications→Accessories→Gedit Text Editor 命令，启动文本编辑器。

注意：如果编写的是 C 语言源文件，保存文件时文件名的后缀一定要加“. c”。

2. Linux 命令格式

Linux 系统中 bash 命令的一般格式是：

```
命令名 [选项] [处理对象]
```

例：

```
$ ls - la mydir
```

使用 bash 命令时，应注意以下几点：

- 命令名一般是小写的英文字母。注意大小写有区别。
- 一般格式中由方括号括起来的部分是可选的。
- 选项是对命令的特别定义，以减号“-”开始，命令名，选项，处理对象三者之间用空格隔开。
- 命令后加上“&”可使该命令后台(background)执行。

- 目录之间的分隔为(/)区别于 DOS 中的(\)。
- Linux 操作系统的联机帮助对每个命令的准确语法都做了详细说明。

3. 命令输入方式

在 shell 提示符"$"之后,可以输入相应的命令和参数,最后必须按 Enter 键予以确认。shell 会读取该命令并予以执行。命令完成后,屏幕将再次显示提示符"$"。

shell 可以鉴别输入命令的大小写。例如,DATE、date 和 Date 是不同的,其中只有一个(即 date)是正确的 Linux 命令。

如果系统找不到输入的命令,会显示反馈信息: command not found。这时,需要检查输入命令的拼写及大小写是否正确。

如果一个命令太长,一行放不下时,要在第一行行尾输入"\"字符,并按 Enter 键。这时 shell 会返回一个大于号">"作为提示符,表示该命令行尚未结束,允许继续输入有关信息。

在 shell 提示符后面,同一行可同时输入多个命令,命令间应以分号隔开,并按 Enter 键,屏幕会按命令的先后顺序显示命令的执行结果。

注意:*在命令与选项和处理对象之间要用空格隔开。连续的空格会被 shell 解释为单个空格。*

Linux 系统提供了大量命令,在 Linux 环境下,利用命令可以有效完成大量的工作,如文件操作、目录操作、进程管理、文件权限设定等。Linux 操作系统的命令很多,而且大多数命令的选项非常丰富,在此只列出常用的命令及其常用的选项。用户可用联机方式查阅帮助手册学习相关命令的其他选项的使用方法。

4. 目录操作命令

Linux 文件系统采用树状目录管理结构,即只有一个根目录(通常用"/"表示),其中含有下级子目录或文件的信息;子目录中又可含有更下级的子目录或文件的信息……这样一层层延伸下去,构成一棵倒置的树。

当授权用户进入 Linux 系统后,主目录就是用户当前工作目录,主目录往往位于/home 或者/user 目录之下,并且与用户名相同,例如/home/user。

路径名描述了文件系统通向任意文件的路径。有两种路径名:绝对路径名和相对路径名。当为命令指定文件路径名时,要指定两种路径形式的一种。

- 绝对路径名:在 Linux 系统中,每一个文件都有唯一的绝对路径名,从根目录开始由到达相应文件的所有目录名连接而成,各目录名之间以"/"隔开,例如:/home/user/dir/newfile.c。绝对路径名总是以"/"开头,表示根目录。在 shell 提示符下,使用 pwd 命令可以查看当前工作目录的绝对路径名。例如:

```
$ pwd
/home/user
```

- 相对路径名:相对路径名是相对当前工作目录的路径指定一个文件。当访问当前工作目录或其子目录中的文件时,可以使用相对路径名。相对路径名不能以"/"开头。例如,如果当前工作目录是/home/user,为了查看在当前工作目录下的子目录 mydir 中的文件 newfile.c 中的内容,可以使用下述命令:

```
$ cat mydir/newfile.c
```


Linux 的通配符有 3 种："-"、"*"和"?"，其用法与 DOS 相同，"-"代表区间内的任一字符，如 test[0-5]即代表 test0，test1，…，test5 的集合。

下面介绍常用的目录操作命令：

1）显示目录内容：ls 命令

格式：

```
ls [选项] [names]
```

说明：names 可为文件或目录名称。如果 names 是目录名，则表示将列出指定目录下的所有内容包括所有子目录与文件的信息；如果 names 是文件名，则表示将列出指定文件的相关信息；如果 names 没有给出参数，则表示列出当前目录下的所有内容包括所有子目录与文件的信息。

常用选项：

-a——列出指定目录下所有子目录和文件，包括以"."开头的隐藏文件。

-t——按照文件最后修改时间的新旧排序，最新的文件列在前面。当两个文件的修改时间相同时，则按文件名的字典顺序排序。

-F——显示出当前目录下的文件及其类型。在列出的文件名后面加上不同的符号，以区分不同类型的文件，可以附加的符号有："/"表示目录；"*"表示可执行文件。

-R——递归地列出该目录及其子目录下的文件信息。

-l——显示目录下所有文件类型与权限、链接数、文件主、文件组、文件大小、建立或最近修改时间及文件名。

例：

```
$ ls -l hello.c   /*列出当前目录下文件名为 hello.c 的相关信息*/
```

显示结果：

```
-rw-r--r-- 1 user user 73 2010-12-22 10:12 hello.c
```

下面介绍其中几个主要字段的含义。

(1) 第一个字段中头一个字符表示文件类型，所用字符及其含义如下：

-——普通文件；d——目录文件；b——块设备文件；c——字符设备文件；l——链接文件；p——管道文件。

(2) 随后的 9 个字符表示文件主、同组用户、其他用户对文件或目录的存取权限。各权限用以下字符表示：r——读；w——写；x——执行，对于目录表示可以被访问。

2）创建目录：mkdir 命令

格式：

```
mkdir [选项] dirname
```

常用选项：

-p——可在指定目录下逐级创建目录。

-m——创建指定目录的同时设置该目录的存取权限，存取权限用八进制数字表示。

例：

```
$ mkdir dir1                    /* 新建一个名为 dir1 的目录 */
$ mkdir -p newdir/filedir       /* 在当前目录下创建 newdir 目录，并在该子目录下创建 filedir
                                   子目录 */
$ mkdir -m 700 testdir          /* 在当前目录下创建 testdir 子目录，该目录只有文件主读、写
                                   和执行权限，其他人无权访问 */
```

3）删除目录：rmdir 命令

格式：

```
rmdir [选项] dirname
```

常用选项：

-p——递归删除指定目录下的所有空目录，如果有非空目录，则该目录保留下来。

例：

```
$ rmdir dir1                  /* 删除目录 dir1，但它必须是空目录，否则无法删除 */
$ rmdir -p newdir/filedir1    /* 删除当前目录下的 newdir 及其下的空子目录 filedir1 */
```

4）改变工作目录：cd 命令

格式：

```
cd [dirname]
```

说明：dirname 表示目标目录的绝对路径名或相对路径名。如果 cd 命令不带任何参数，表示返回用户登录时的主目录中。如果 dirname 为“..”，则可以移至当前目录的上层目录。

例：

```
$ cd                  /* 改变目录位置，至用户登录时的工作主目录 */
$ cd dir1             /* 进入当前目录下的子目录 dir1 中 */
$ cd ..               /* 改变目录位置，至当前目录的上层目录 */
$ cd ../user          /* 改变目录位置，至上一级目录下的 user 目录 */
$ cd /home/user       /* 改变目录位置，至绝对路径/home/user */
$ cd -                /* 回到进入当前目录前的上一个目录 */
```

5）显示当前工作目录的绝对路径：pwd 命令

格式：

```
pwd
```

5. 文件操作命令

1）查看文件内容：cat 命令

格式：

```
cat [选项] filename
```

说明：当文件比较大时，文本在屏幕上迅速滚屏，为了看清文件的内容，一般用 more 命令分屏显示。中断命令的执行可以按 Ctrl+C 键。

常用选项：

-b——从 1 开始对所有非空输出行进行编号。

-n——从 1 开始对所有输出行进行编号。

-s——将多个相邻的空行合并成一个空行。

例：

```
$ cat file1        /*以连续显示方式,查看文件 file1 的内容*/
$ more file1       /*以分屏方式查看文件的内容,按 Enter 键显示下一行,按空格显示下一屏*/
$ cat file1|more   /*功能与 more file1 相同*/
```

2）删除文件：rm 命令

格式：

```
rm [选项] name
```

说明：rm 命令可以删除一个或多个文件，也可以删除目录及其下属的所有文件和子目录。对于链接文件，只删除整个链接文件，而原有文件保持不变。

常用选项：

-f——忽略不存在的文件，并且不给提示信息。

-r——递归删除指定目录及其下属的各级子目录和文件。

-i——交互式删除文件。系统会提示是否要删除，用户必须输入字符 y 并按 Enter 键才能删除文件。

注意：要谨慎使用 rm 命令，文件一旦被删除就无法再恢复。

例：

```
$ rm -i f*          /*交互式删除当前目录下文件名首字母为 f 的所有文件*/
$ rm file1 file2    /*删除当前目录下文件名为 file1 和 file2 的两个文件*/
$ rm -r dir1        /*删除目录 dir1 及其下所有文件及子目录*/
```

3）复制文件或目录：cp 命令

格式：

```
cp [选项] source target
```

说明：source 表示源文件或目录；target 表示目标文件或目录。如果要复制目录，需要使用“-r”选项，实现把目录下所有文件和子目录复制到指定的目标位置。

常用选项：

-i——交互式复制，覆盖已存在的目标文件之前给出提示信息。

-p——除复制源文件的内容外，还将其修改时间和存取权限也复制到新文件中。

-r——把源目录下的所有文件及其各级子目录都复制到目标位置。

-l——不复制文件,而是创建指向源文件的链接文件,链接文件名由目标文件给出。

例:

```
$ cp file1 file2          /* 复制当前目录中的文件 file1,文件名为 file2 */
$ cp file1 dir1           /* 将当前目录中的文件 file1 复制到子目录 dir1 中 */
$ cp /tmp/file1 file2     /* 将文件 file1 复制到当前目录中,文件名字改为 file2 */
$ cp -r dir1 dir2         /* 目录 dir1 及其内容复制到目录 dir2 */
```

4) 移动或更改文件、目录名称: mv 命令

格式:

```
mv [选项] source target
```

例:

```
$ mv file1 file2        /* 将文件 file1 更名为 file2 */
$ mv file1 dir1         /* 将文件 file1 移到目录 dir1 中 */
$ mv dir1 dir2          /* 将目录 dir1 移到目录 dir2 中 */
```

5) 比较文件或目录的内容: diff 命令

格式:

```
diff [选项] name1 name2
```

说明: name1 和 name2 同为文件名或目录名。该命令逐行比较两个文件,列出它们的不同之处。如果两个文件完全一样,该命令不显示任何输出。

常用选项:

-i——忽略字母大小写造成的差别。

-r——当 name1 和 name2 同为目录名时,递归比较两个目录,列出它们的不同之处。

例:

```
$ diff file1 file2         /* 比较文件 file1 与文件 file2 的不同处 */
$ diff -r dir1 dir2        /* 比较当前目录下的子目录 dir1 与子目录 dir2 的不同处 */
```

6) 文件中字符串的查找: grep 命令

格式:

```
grep [选项] 查找模式 name
```

说明: 该命令可以在指定文件中搜索指定的关键词,也可以在指定目录的所有文件中搜索关键词。查找模式指定用来查找的正则表达式; name 为文件名或目录名。

常用选项:

-i——匹配比较时不区分字母的大小写。

-r——以递归方式查询目录下的所有子目录中的文件。

例:

```
$ grep abc file1        /* 在文件 file1 中查找 abc 所在的整行文字 */
$ grep -r abc dir1      /* 在目录 dir1 包含的所有文件中查找 abc 所在的整行文字 */
```


7）建立文件或目录的链接：ln 命令

格式：

```
ln [选项] target link_name
```

说明：target 是要链接的对象，可以是文件，也可以是目录。如果链接指向目录，用户可以利用该链接直接进入被链接的目录，而不用给出到达该目录的路径。链接被删除不会破坏原来的目录。

常用选项：

-s——建立符号链接，而不是硬链接。

例：

```
$ ln file1 f1                               /* 建立 file1 文件(已存在)的硬链接,命名为 f1 */
$ ln -s file1 f2                            /* 建立 file1 文件的符号链接,命名为 f2 */
$ ln -s /home/user/newdir/dir1 dir1         /* 建立绝对路径名为/home/user/newdir/dir1 的目录
                                               dir1 的符号链接,命名为 dir1 */
```

6. 系统询问与权限命令

1）查看系统中的使用者：who 命令

格式：

```
who [选项] [am I]
```

常用选项：

-q——仅显示用户名及用户总数。

-H——显示信息时同时显示各列的标题。

[am I]——是该命令的一种常用方式，显示本用户终端的相关信息。

例：

```
$ who am I        /* 显示本终端用户的信息 */
$ who -H          /* 显示终端用户的信息,同时显示各列的标题 */
```

2）改变自己的 username 的账号与口令：su 命令

格式：

```
su username
```

例：

```
$ su username            /* 输入账号 */
$ password               /* 输入密码 */
```

3）改变文件或目录的存取权限：chmod 命令

格式：

```
chmod [选项] [who] [操作符号 ][mode] name
```

说明：改变文件或目录的读、写、执行的允许权。

常用选项：

-R——为递归处理，将指定目录下所有文件及子目录一并处理。

who 可以是下述字母中的任意一个或者它们的组合。

- u——表示“用户(user)”，即文件或目录的所有者。
- g——表示“同组(group)用户”，即与文件属主有相同组 ID 的所有用户。
- o——表示“其他(others)用户”。
- a——表示“所有(all)用户”，是系统默认值。

操作符号可以是：

- ＋——添加某个权限。
- －——取消某个权限。
- ＝——赋予给定权限并取消其他所有权限。

mode 表示的权限可以用字母组合或数字表示，是文件/目录读、写、执行允许权的缩写。

- r——read，数字代号为“4”。
- w——write，数字代号为“2”。
- x——execute，数字代号为“1”。

例如，mode 可以是：

```
rwx     rwx     rwx
user    group   other
```

缩写：(u)　　　(g)　　　(o)

例：

```
$ chmod 755 dir          /* 将目录 dir 设为拥有者可读写执行，其他人只读及执行的权利，其中
                            7 = 4 + 2 + 1,5 = 4 + 1 */
$ chmod 700 file1        /* 将 file1 设为拥有者可以读、写和执行 */
$ chmod o + x file2      /* 将 file2，增加其他使用者可执行的权利 */
$ chmod g + x file3      /* 将 file3，增加组使用者可执行的权利 */
$ chmod o - r file4      /* 将 file4，除去其他使用者可读取的权利 */
```

4) 改变文件或目录的所有权：chown 命令

格式：

```
chown [选项] username name
```

说明：该命令用来改变指定文件所属的用户组。其中 username 可以是用户组的 ID，也可以是用户组的组名。name 可以是文件名也可以是目录名。如果用户不是该文件或目录的所属者或超级用户(root)，则不能改变该文件或目录的组。

常用选项：

-R——递归式改变指定目录及其下面的所有子目录和文件的用户组。

例：

```
$ chown user file1      /* 将文件 file1 改为 user 所有 */
$ chown -R user dir1    /* 将目录 dir1 及其下所有文件和子目录,改为 user 所有 */
```

5）检查用户所在组名称：groups 命令

格式：

```
groups
```

6）改变文件或目录所属的用户组：chgrp 命令

格式：

```
chgrp [选项] groupname name
```

说明：组名(groupname)可以是用户组的 ID,也可以是用户组的组名。name 可以是文件名或目录名。如果用户不是该文件或目录的文件主或超级用户,则不能改变该文件的组。

常用选项：

-R——递归式改变指定目录及其下面的所有子目录和文件的用户组。

例：

```
$ chgrp student1 file1     /* 将文件 file1 改为 student1 组所有 */
$ chgrp -R image dir       /* 将目录 dir 及其下所有文件和子目录,改为 image 群组 */
```

7）改变文件或目录的最后修改时间：touch 命令

格式：

```
touch name
```

说明：name 可以是文件或目录。

例：

```
$ touch file1   /* 将文件 file1 的最后修改时间改为系统当前时间 */
```

7. 进程操作命令

1）查看系统目前正在运行的进程信息：ps 命令

格式：

```
ps [选项]
```

说明：ps 是查看进程状态的最常用的命令。可以查看哪个进程正在运行、哪个进程被挂起、进程已运行多长时间、进程正在使用的资源、进程的相对优先级及进程的编号 ID。

常用选项：

-e——显示所有进程的信息。

-f——显示进程的所有信息。

例：

(1) 列出每个与当前 shell 有关的进程的基本信息。

```
$ ps
PID   TTY   TIME          CMD
1820  pts/0 00:00:00      bash
1846  pts/0 00:00:00      ps
```

(2) 显示每个与当前 shell 有关的进程的所有信息。

```
$ ps -f
UID   PID   PPID  C  STIME   TTY     TIME        CMD
User  1820  1818  0  11:15   pts/0   00:00:00    bash
User  1883  1820  0  11:23   pts/0   00:00:00    ps
```

其中，各字段的含义如下：

- UID——进程所属的用户。
- PID——进程 ID 号。
- PPID——父进程的 ID 号。
- C——进程最近使用 CPU 的估算。
- STIME——进程开始时间，以"小时：分"的形式给出。
- TTY——该进程建立时所对应的终端。
- TIME——报告进程累计使用的 CPU 时间。

注意：尽管有些命令已经运转了很长时间，但是它们真正使用 CPU 的时间往往很短。所以，该字段的值往往是：00：00：00。

- CMD——执行进程的命令名。

2) 查看正在后台执行的进程：jobs 命令

格式：

```
jobs
```

3) 结束或终止进程：kill 命令

格式：

```
kill [-9] PID
```

说明：PID 为利用 ps 命令所查出的进程标识符号。

例：终止 PID 为 456 的进程可采用下面的命令之一。

```
$ kill 456
$ kill -9 456
```

4) 后台执行进程的命令：&

格式：

```
command &
```

说明：在命令后加上 &。

例：

```
$ gcc file1 &          /*在后台编译 file1.c*/
$ ./forktree &         /*让 forktree 后台执行*/
```

注意：按下 Ctrl+Z 组合键，暂停前台正在执行的进程。输入 bg，将所暂停的进程置入后台中继续执行。

5）显示系统中程序的执行状态：top 命令

格式：

```
top [选项]
```

说明：top 命令是 Linux 下常用的性能分析工具，能够实时显示系统中各个进程的资源占用状况，类似于 Windows 的任务管理器。

注意：按 Ctrl+C 组合键或 Q 键停止查看。

常用选项：

-i——不显示任何闲置或僵死进程。

-n——n 为指定每两次屏幕信息刷新之间的时间间隔。

例：不断地更新、显示系统程序的执行状态。

```
$ top
top - 21:22:16 up 8:28, 3 users, load average:1.29, 0.56, 0.38
Tasks: 136total, 1running, 135 sleeping, 0 stopped, 0 zombie
Cpu(s): 0.3%us, 1.0%sy, 0.0%ni, 99.0%id, 0.0%wa, 0.0%hi, 0.0%si, 0.0%st
Mem: 509232k total, 500128k used, 9104k free, 55952k buffers
Swap: 407544k total,      0k used, 407544k free, 282440k cached
PID  USER  PR  NI  VIRT  RES  SHR  S  %CPU  %MEM  TIME+    COMMAND
3281 user  20  0   2548  1192 904  R  0.3   0.2   0:01:15  top
1    root  20  0   2804  1616 1168 S  0.0   0.3   0:01:56  init
```

说明：

- 第一行显示的项目依次为当前时间、系统启动时间、当前系统登录用户数目、平均负载。
- 第二行为进程情况，依次为进程总数、休眠进程数、运行进程数、僵死进程数、终止进程数。
- 第三行为 CPU 状态，依次为用户占用、系统占用、优先进程占用、闲置进程占用。
- 第四行为内存状态，依次为内存总量、已用内存、空闲内存、共享内存、缓存使用内存。
- 第五行为交换状态，依次为平均可用交换容量、已用容量、闲置容量、高速缓存容量。

进程信息区统计信息区域的下面显示了各个进程的详细信息。下面是各列的含义：

- PID——每个进程的 ID。
- USER——每个进程所有者的用户名。
- PR——每个进程的优先级别。
- NI——该进程的优先级值。副值表示高优先级，正值表示低优先级。

- VIRT——进程使用的虚拟内存总量,单位 kb。VIRT=SWAP+RES。
- RES——进程使用的虚拟内容中,被换出的大小,单位 KB。
- SHR——共享内存大小,单位 KB。
- S——进程状态。D(不可中断的睡眠状态),R(运行),S(睡眠),T(跟踪/停止),Z(僵尸进程)。
- %CPU——该进程自最近一次刷新以来所占用 CPU 时间和总时间的百分比。
- %MEM——该进程占用的物理内存占总内存的百分比。
- TIME+——该进程自启动以来所占用的总 CPU 时间。单位 1/100s。如果进入的是累计模式,那么该时间还包括这个进程的子进程所占用的时间,且标题会变成 CTIME。
- COMMAND——该进程的命令名称,如果一行显示不下,则会进行截取。内存中的进程会有一个完整的命令行。

6）以树状图显示执行的程序：pstree 命令

格式：

```
pstree [选项]
```

常用选项：

-p——以树状图显示进程以及进程的 ID。

-a——以树状图显示进程,相同名称的进程不合并显示,并且会显示命令行参数。

pid——以树状图显示进程 ID 为 pid 的进程以及子孙进程。

例：

```
$ pstree -p 1165   /*以树状图显示进程 ID 为 1165 的进程以及子孙进程的 ID*/
```

7）监视虚拟内存：vmstat 命令

格式：

```
vmstat [选项]
```

vmstat 对系统的虚拟内存、进程、CPU 活动进行监视。不足：vmstat 仅对系统的整体情况进行分析,不能对某个进程进行深入分析。

例如：

```
$ vmstat
procs ------- memory ------------ swap ----- io ------ system ---  ----- cpu ----
r  b |  swpd  free   buff   cache  |  si  so | bi  bo  |  in  cs   |us  sy  id  wa
0  0 | 0    9128 5  56600  282436  |   0   0 | 16  5   |  51  109  | 0   1  99  0
```

其中：

- procs 包括以下参数。

r：等待运行的进程数。

b：处在非中断睡眠状态的进程数。

- memory 包括以下参数。

swpd：虚拟内存使用情况，单位 KB。

free：空闲的内存，单位 KB。

buff：被用来作为缓存的内存数，单位 KB。

cache：作为页面缓存的内存数量。

- swap 包括以下参数。

si：从磁盘交换到内存的交换页数量，单位 KB/s。

so：从内存交换到磁盘的交换页数量，单位 KB/s。

- io 包括以下参数。

bi：发送到块设备的块数，单位：块/秒。

bo：从块设备接收到的块数，单位：块/秒。

- system 包括以下参数。

in：每秒的中断数，包括时钟中断。

cs：每秒的环境（上下文）切换次数。

- cpu（按 CPU 的总使用百分比来显示）包括以下参数。

us：CPU 使用时间。

sy：CPU 系统使用时间。

id：闲置时间。

wa：等待 I/O 的时间。

8）分析共享内存、信号量和消息队列：ipcs 命令

格式：

```
ipcs [选项]
```

说明：ipcs 是 Linux 下显示进程间通信设施状态的命令。可以显示消息队列、共享内存和信号量的信息。

常用选项：

-q——仅显示所有的消息队列使用情况。

-m——仅显示所有的共享内存使用情况。

-s——仅显示所有的信号量使用情况。

例：使用 ipcs 命令分析系统中共享内存、信号量和消息队列使用情况如下所示。

```
$ ipcs
------ Shared Memory Segments ---------
key          shmid      owner      perms      bytes      nattch     status
0x00280267   0          root       644        1048576    1
0x61715f01   1          root       666        32000      33
0x00000000   2          nobody     600        92164      11         dest
------Semaphore Arrays ---------
key          semid      owner      perms      nsems      status
0x00280269   0          root       666        14
0x61715f02   257        root       777        1
------Message Queues ---------
key          msqid      owner      perms      used-bytes   messages
0x0000004b 65536        root       777        0            0
```

上面分别显示共享内存(Shared Memory Segments)、信号量(Semaphore Arrays)以及消息队列(Message Queues)的关键字值(key)、表示符(id)、所属者(owner)、操作权限(perms)等信息。

9）删除共享内存、信号量和消息队列：ipcrm 命令

格式：

```
ipcrm [选项] ID
```

说明：ipcrm 是 Linux 下删除进程间通信设施的命令。可以删除消息队列、共享内存和信号量。ID 为 shmid、semid 或 msqid。

常用选项：

-q——仅删除指定 ID 的消息队列。

-m——仅删除指定 ID 的共享内存。

-s——仅删除指定 ID 的信号量。

例：

```
$ ipcrm -q 65536   /* 删除 msqid 为 65536 的消息队列 */
```

8. 其他常用命令

1）命令在线帮助：man 命令

格式：

```
man 命令名
```

例：

```
$ man ls     /* 查询 ls 命令的用法 */
```

2）清除屏幕上的信息：clear 命令

格式：

```
clear
```

说明：清屏后，shell 提示符移到屏幕的左上角。

3）显示历史命令：history 命令

格式：

```
history [数字]
```

说明：显示在 shell 提示符“$”之后，已经输入 bash 命令记录表的内容。使用键盘的上下箭头键也可以查看上一条或下一条命令。

例：

```
$ history            /* 显示全部命令表历史记录 */
$ history|more       /* 分页显示命令表历史记录 */
$ history 3          /* 显示之前执行过的 3 条命令 */
```

4）快速重复执行上一条历史命令

有如下4种方法可以重复执行上一条命令：

- 使用上方向键，并按 Enter 键执行。
- $!!　　/* 输入"!!"并按 Enter 键执行 */
- $! -1　　/* 输入"! -1"并按 Enter 键执行 */
- 按 Ctrl+P 组合键并按 Enter 键执行。

5）从命令历史中执行一个指定的命令：输入"! 数字"并按 Enter 键执行。

例：

```
$ history|more            /* 分页显示命令表历史记录 */
1 mkdir dir1
2 cat newfile.c
3 pwd
4 ls
$ !2                      /* 重复执行之前执行过的第 2 条命令"cat newfile.c" */
```

1.2 Linux 系统中 C 语言编程

1.2.1 实验目的

1. 熟悉文件操作命令。
2. 掌握 Linux 系统中 C 语言程序设计的基本步骤。
3. 掌握并熟练使用 C 语言编程工具 GCC 编译器。

1.2.2 实验内容

1. 文件操作

- 当前目录下，用文件编辑器 vi 创建新的文件 file.c。
- ls -l 长格式显示目录清单，查看文件权限。
- 创建子目录 newdir，复制文件 file.c 到 newdir 目录。
- 将 file.c 改名为 myfile.c。

2. 编写 C 语言程序：输出任意一句话，在 Linux 下编辑、编译、运行。

1.2.3 实验步骤

1. 编辑源文件：

```
$ gedit hello.c
```

打开文本编辑器 gedit，书写源代码，保存。

2. 编译源文件：

```
$ gcc -o hello hello.c
```

如果没有错误出现命令提示符，输入 ls 命令查看生成 hello 可执行程序。

3. 运行可执行程序：

```
$ ./hello
```

查看程序结果。

1.2.4 实验指导

1. 文本编辑器 gedit

在 Linux 操作系统，用户可以用文本编辑器(gedit Text Editor)编写程序代码。有两种打开方式，第一种：单击 Ubuntu 操作系统主菜单中的 Aplications→Accessories→gedit Text Editor 命令，启动文本编辑器；第二种：在 shell 提示符下输入"gedit [文件名]"，启动文本编辑器。

注意：如果编写的是 C 语言源文件，保存文件时文件名的后缀一定要加".c"。

2. 文件编辑器 vi

vi 是在 UNIX 上被广泛使用的中英文编辑软件。vi 是 visual editor 的缩写，是 UNIX 提供给用户的一个窗口化编辑环境。进入 vi，直接执行 vi 编辑程序即可。

例：编写新的 C 程序 test.c。

```
$ vi test.c
```

显示器出现 vi 的编辑窗口，同时 vi 会将文件复制一份至缓冲区(buffer)。vi 先对缓冲区的文件进行编辑，保留在磁盘中的文件则不变。编辑完成后，使用者可决定是否要取代原来的文件。

3. vi 的工作模式

vi 提供两种工作模式：输入模式(Insert mode)和命令模式(Command mode)。使用者进入 vi 后，即处在命令模式下，此刻输入的任何字符皆被视为命令，可进行删除、修改、存盘等操作。要输入信息，应转换到输入模式。

1) 命令模式下 vi 的退出命令

在输入模式下，按 ESC 可切换到命令模式。命令模式下，可选用表 1-1 中的方式退出 vi。

表 1-1 退出 vi 的常用方法

方法	功能描述
:w	将缓冲区内的资料写入磁盘中，但并不离开 vi
:wq	将缓冲区内的资料写入磁盘中，并离开 vi
:x	同 wq
:q	离开 vi，若文件被修改过，则要被要求确认是否放弃修改的内容，此指令可与:w 配合使用
:q!	离开 vi，并放弃刚在缓冲区内编辑的内容

2) 命令模式下光标移动的命令

在命令模式下有很多命令可以在一个文件中移动光标位置。表 1-2 列出了一些常用命令及其功能。

表 1-2 光标移动命令

命令	功能描述	命令	功能描述
h(←)	光标向左移一个字符	b	光标左移一个单词
l(→)	光标向右移一个字符	＋	移至下一列的第一个字符处
k(↑)	光标上移一行	－	移至上一列的第一个字符处
j(↓)	光标下移一行	(	移至该句首
0(^)	光标移至该行的第一个字符处	)	移至该句末
$	光标移至该行的行尾	{	移至该段首
H	光标移至窗口的第一列	}	移至该段末
M	光标移至窗口中间那一列	nG	移至该文件的第 n 列
L	光标移至窗口的最后一列	n＋	移至光标所在位置之后第 n 列
w	光标右移一个单词	n－	移至光标所在位置之前第 n 列

3）输入模式的常用命令

输入模式下的常用命令如表 1-3 所示。

表 1-3 输入模式下的常用命令

命令	功能描述	命令	功能描述
a	在光标之后添加文本	d	删除当前光标所在行
A	在光标所在行末添加文本	x	删除当前光标字符
i	在光标之前加入文本	X	删除当前光标之前字符
I	光标所在行首加入文本	U	撤销
o	在光标所在行下面插入新行	ESC	离开输入模式
O	在光标所在行上面插入新行		

4. GCC 编译器

Linux 上可用的 C 编译器是 GNU C 编译器，或简称 GCC。它建立在自由软件基金会编程许可证的基础上，因此可以自由发布。GCC 是一个全功能的 ANCI C 兼容编译器，而一般 UNIX(如 SCO UNIX)用的编译器是 CC。

Linux 下的 C 编译器将程序编译成一个可执行文件都要经过以下 4 个步骤。

- 预处理(也称预编译，Preprocessing)：命令 GCC 首先调用 cpp 进行预处理，在预处理过程中，对源代码文件中的文件包含、预编译语句进行分析。
- 编译(Compilation)：调用 cc 进行编译，根据输入文件生成以.s 为后缀的目标文件。
- 汇编(Assembly)：汇编过程是针对汇编语言的步骤，调用 as 进行工作，将.S 和.s 为后缀的汇编语言文件经过预编译和汇编成以.o 为后缀的目标文件。
- 链接(Linking)：当所有的目标文件都生成之后，调用 ld 来完成最后的关键性工作，这个阶段就是链接。在链接阶段，所有的目标文件被安排到可执行程序中恰当的位置上，同时，该程序所调用到的库函数也从各自所在的档案库中链接到合适的地方。

除非使用了-c、-S 或-E 选项或者编译错误阻止了过程的进行，否则链接总是最后的步骤。

1）GCC 命令的基本用法

格式：

```
gcc [选项] 源文件 [目标文件]
```

使用举例：

编译 hello.c 程序，使用格式有以下 3 种。

```
$ gcc -o hello hello.c          /* 生成可执行程序名为 hello */
$ gcc hello.c -o hello          /* 生成可执行程序名为 hello */
$ gcc hello.c                   /* 生成可执行程序名为 a.out */
```

2）GCC 常用选项

GCC 有超过 100 个的编译选项可用，这些选项中的许多可能永远都不会用到，但一些主要的选项将会频繁使用。很多的 GCC 选项包括一个以上的字符，因此必须为每个选项指定各自的连字符，并且就像大多数 Linux 命令一样不能在一个单独的连字符后跟一组选项。

-E：生成.i 文件，让 GCC 在预处理后停止编译，从而生成.i 文件，此文件中包含有预处理信息。

-S：生成.s 文件，GCC 只进行预处理和编译，生成汇编代码.s 文件。

-c：只编译，不链接。编译器只是由输入的.c 等源代码文件生成 .o 为后缀的目标文件，通常用于编译不包含主程序的子程序文件。

-o：把文件输出到 output_filename，这个名称不能和源文件同名。如果不给文件名，GCC 就将文件输出到 a.out。

使用举例：编译 hello.c 程序，指定不同的选项。

```
$ gcc -o hello.i hello.c -E   /* 只进行预处理生成 hello.i 文件，可用 vi 或 cat 命令查看 */
$ gcc -o hello.s hello.i -S   /* 将预处理的 hello.i 文件进行编译，生成.s 汇编文件可用 vi 或
                                 cat 命令查看 */
$ gcc -o hello.o hello.s -c   /* 将汇编文件 hello.s 进行汇编，生成二进制代码 hello.o
                                 文件 */
$ gcc -o hello hello.o        /* 将二进制文件进行库函数链接，生成可执行程序 */
```

5. 执行 C 程序

格式：

```
./可执行文件名
```

例：

```
$ ./a.out      /* 运行程序 a.out */
$ ./count      /* 运行程序 count */
```

第2章 进程管理

2.1 进程的创建

2.1.1 实验目的

1. 加深对进程、进程树等概念的理解。
2. 进一步明确进程和程序的区别。
3. 理解进程并发执行的实质。
4. 掌握 Linux 系统中进程的创建方法及并发执行情况。

2.1.2 实验内容

1. 编写一段程序,使用系统调用 fork()创建两个子进程。当此程序运行时,在系统中有一个父进程和两个子进程活动。让每一个进程在屏幕上显示一段字符信息。

2. 运行以下程序,学习对后台执行程序的控制方式。

```
/* loop.c */
#include <stdio.h>
main()
{
  while(1)
  {
     printf("Hello!\n");
     sleep(10);
  }
}
```

实验步骤:

- 编写上面的源代码生成源文件"$ gedit loop.c"。
- 编译"$ gcc -o loop loop.c"。
- 前台运行"$ ./loop"(按 Ctrl+C 组合键终止死循环的 loop 程序)。
- 后台运行"$ ./loop &"。
- 多次使用 ps -l 命令查看进程状态。注意:

(1) loop 的运行时间。

(2) ps -l 命令和 loop 程序的父进程号均为 shell 进程。

- 使用 kill 命令控制该进程。

(1) 暂停：

```
kill - STOP <该进程的进程号>
```

(2) 恢复：

```
kill - CONT <该进程的进程号>
```

(3) 终止：

```
kill - KILL <该进程的进程号>
```

例：

```
$ kill - STOP 2323                /* 暂停 ID 为 2323 的进程 */
$ kill - KILL 2323                /* 终止 ID 为 2323 的进程 */
```

3. 运行以下程序，分析程序执行过程中产生的子进程情况。

```
/* forktree.c */
#include <sys/types.h>
#include <unistd.h>
#include <stdio.h>
#include <string.h>
main()
{
  int p;
  p = fork();
  printf("fork 1\n");
  if (p>0)                          /* 如果是父进程 */
      {
       fork();
       printf("fork 2\n");          /* 子进程和父进程重复执行 */
       }
  else{                             /* 如果是子进程 */
      fork();
      printf("fork 3\n");           /* 子进程和孙进程重复执行 */
      fork();                       /* 子进程和孙进程重复执行 */
      printf("fork 4\n");           /* 子进程、两个孙进程和曾孙进程重复执行 */
    }
   sleep(20);
  }
```

实验步骤：

- 编写上面的源代码生成源文件“forktree.c”。
- 编译源文件生成可执行程序“forktree：" $ gcc-o forktree forktree.c"”。
- 后台运行“$./forktree &”。
- 查看进程树“$ pstree -p”。
- 注意分析最后一个系统调用 fork()为什么会被执行 2 次？最后一条 printf 输出语句为什么会被执行 4 次？

2.1.3 实验指导

1. 系统调用和库函数

系统调用是操作系统提供的用户程序与系统内核之间的接口。它一般位于操作系统核心的最高层。当CPU执行到用户程序中的系统调用时，处理机的状态就从用户态变为核心态，从而进入操作系统内部，执行它的有关代码，实现操作系统对外的服务。但系统调用完成后，控制返回到用户程序。

系统调用和过程调用虽然都是由程序代码构成，调用时都需要传送参数，但两者有实质差别：过程调用只能在用户态下运行，不能进入核心态；而系统调用可以实现从用户态到核心态的转变。UNIX/Linux提供用C语言编制的系统调用。系统调用大致可分为5个类别：进程控制、文件管理、设备管理、信息维护和通信。

在现代操作系统中，都有库函数，其中含有系统提供的大量程序。它们解决带共性的问题，并为程序的开发和执行提供方便的环境。如在C语言中常用的fopen()就是标准的I/O库中的库函数，但它们本身不属于操作系统的内核部分，库函数要获得操作系统的服务也要通过系统调用这个接口。

在UNIX/Linux系统中，系统调用与库函数都是以C函数的形式提供给用户的，它有类型、名称、参数，并且要标明相应的文件包含。不同的系统调用可能需要不同的头文件，这些头文件包含了相应程序代码中用到的宏定义、类型定义、全称变量及函数说明等。在C语言程序中，对系统调用的调用方式和调用库函数的方式相同，即调用时提供的实参的个数、出现的顺序、实参的类型要与函数原型说明中形参表的设计相同。

在Linux系统创建一个新进程可以通过调用系统调用fork()和vfork()实现。已存在的创建者进程称为父进程，被创建进程称为子进程。

2. fork()

创建一个新进程。

头文件：

```
#include <sys/types.h>
#include <unistd.h>
```

系统调用格式：

```
p = fork();
```

参数定义：

```
int p;
```

返回值：子进程中为0，父进程中为子进程ID，出错为－1。

fork()返回值含义如下：

- p＝0——在子进程中，p变量保存的fork()返回值为0，表示当前进程是子进程。
- p＞0——在父进程中，p变量保存的fork()返回值为子进程的ID值（进程唯一标识符）。
- p＝－1——创建失败。

注意：如果 fork()调用成功，它向父进程返回子进程的标识符 ID，并向子进程返回 0，即 fork()被调用了一次，但返回了两次。此时操作系统在内存中建立一个新进程，所建的新进程是调用 fork()父进程的副本，称为子进程。子进程继承了父进程的许多特性，并具有与父进程完全相同的用户级上下文。父进程与子进程并发执行。

创建子进程的样板代码如下所示：

```
……
int child;
if((child = fork())< 0)
        /*错误处理*/
else if(child == 0)
        /*这是新进程*/
else
        /*这是最初的父进程*/
……
```

操作系统内核为 fork()完成以下操作：

(1) 为新进程分配一进程表项和进程标识符。

进入 fork()后，核心检查系统是否有足够的资源来建立一个新进程。若资源不足，则 fork()系统调用失败；否则，核心为新进程分配一进程表项和唯一的进程标识符。

(2) 检查同时运行的进程数目。

超过预先规定的最大数目时，fork()系统调用失败。

(3) 复制进程表项中的数据。

将父进程的当前目录和所有已打开的数据复制到子进程表项中，并置进程的状态为“创建”状态。

(4) 子进程继承父进程的所有文件。

对父进程当前目录和所有已打开的文件表项中的引用计数加 1。

(5) 为子进程创建进程上下文。

进程创建结束，设子进程状态为“内存中就绪”并返回子进程的标识符。

(6) 子进程和父进程并发执行。

子进程是父进程的一个副本，例如，父进程的数据空间、堆栈空间都会给子进程一个副本，而不是共享这些内存。虽然父进程与子进程对应的程序代码完全相同，但每个进程都有自己的程序计数器 PC，子进程和父进程都执行 fork()之后的代码，根据 p 变量保存的 fork()返回值的不同，执行了不同的分支语句。调用 fork()创建子进程前后父进程和子进程的执行情况如图 2-1 所示(注意子进程的 PC 开始位置)。

注意：fork()函数创建子进程的执行可以简单用如下几点概括。

- 产生一个新的 PCB。
- 父子共享代码区，子复制父的数据区。
- 返回值：父返子进程 ID，子返为 0。

下面通过例 2-1 进一步详细分析 fork()函数的使用方法。

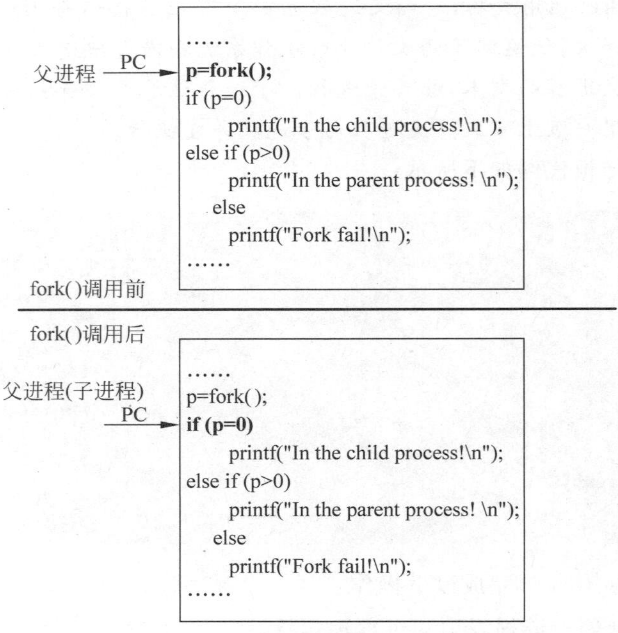

图 2-1　调用 fork()创建子进程前后，父进程和子进程的执行情况

例 2-1

```
/* example2-1.c */
#include <stdlib.h>
#include <unistd.h>
#include <stdio.h>
main()
{
int p,count;
count=0;
/* 此处，执行系统调用fork()创建一个子进程，该子进程共享父进程的数据、堆栈空间和代码等，这之后的代码指令为子进程创建了一个副本。fock()产生的是一个复制进程，该进程与线程不同，不需提供一个函数作为入口，fock()调用后，新进程的入口就在 fock()的下一条语句 */
p=fork();
/* 此处返回的p值可以说明fork()调用后，目前执行的是父进程还是子进程 */
printf("In parent or child,p returned by calling fork is: %d\n",p);
if(p==0)
   {
    count++;
    printf("In the child process, count=%d\n",count);
   }
  else if(p>0)
  {
 /* 当fork()在子进程中返回后，向父进程中返回子进程的ID.如是该段代码被执行，count仍然为0，因为父进程中的count始终没有被重新赋值，这里就可以看出子进程的数据和堆栈空间和父进程是独立的，而不是共享数据. */
```

```
    printf("this is the parent process ,the child has the ID: %d\n",p);
    printf("In the parent process, count = %d\n",count);
    }
  else
    {
     printf("fork failed\n");
    }
  }
```

运行结果如下：

```
  $ gcc -o exemaple2-1 example2-1.c
  $ ./example2-1
  In the parent or child,p returned by calling fork is :0
  In the child process ,count = 1
  In the parent or child,p returned by calling fork is :3488
  This is the parent process ,the child has the ID: 3488
  In the parent process ,count = 0
```

分析例 2-1 中程序的运行结果，会发现“printf("In parent or child，p returned by calling fork is：%d\n"，p)”语句被执行了两次。原因是：在语句 p=fork()之前，只有一个进程在执行；但在 p=fork()语句之后，产生了一个新的进程；这两个进程的代码部分完全相同，每个进程都有自己的程序计数器 PC，子进程和父进程都执行 fork()函数调用之后的代码。

在 Linux 系统中，一个进程在内存里有 3 部分数据：代码段、堆栈段和数据段。代码段是存放程序代码的数据，假如机器中有多个进程运行相同的一个程序，那么它们就可以使用相同的代码段。堆栈段存放子程序的返回地址、子程序的参数以及程序的局部变量。而数据段则存放程序的全局变量、常数以及动态数据分配的数据空间(比如用 malloc 之类的函数取得的空间)。系统如果同时运行多个相同的程序，它们之间就不能使用同一个堆栈段和数据段。

仔细分析后可以得出如下结论：

一个程序一旦调用 fork()函数，系统就为一个新的进程准备 3 个段：代码段、堆栈段和数据段。首先，系统让新的进程与旧的进程使用同一个代码段，因为它们的程序还是相同的，对于数据段和堆栈段，系统则复制一份给新的进程，这样，父进程的所有数据都可以留给子进程。但是，子进程一旦开始运行，虽然它继承了父进程的一切数据，但实际上数据已经分开，相互之间不再有影响，也就是说，它们之间不再共享任何数据了。

fork()不仅创建出与父进程代码相同的子进程，而且父进程在 fork()执行点的所有上下文也被自动复制到子进程中，包括：

(1) 全局和局部变量。

(2) 打开的文件句柄。

(3) 共享内存、消息等同步对象。

3. vfork()

该函数是创建进程的一个快速函数，其系统调用格式、参数定义以及所需的头文件与 fork()相同。其创建进程的过程可以简单描述如下：

- 创建一个新的PCB。
- 父子进程共用相同的代码区和数据区。
- 创建后子进程先于父进程执行。

fork()和vfork()虽然都是创建一个进程,但是存在如下区别。

- fork():子进程复制父进程的数据段,代码段;vfork():子进程与父进程共享数据段。
- fork():创建子进程后,父子进程的执行次序不确定;vfork():创建子进程后,保证子进程先运行,在子进程调用exec或exit之后父进程才能被调度运行。如果在调用这两个函数之前子进程依赖于父进程的进一步动作,则会导致死锁。因此,在后续的进程通信实验中,要慎重使用vfork()创建进程。

4. getpid()

获取调用进程的ID。

头文件:

```
#include <sys/types.h>
#include <unistd.h>
```

系统调用格式:

```
pid = getpid()
```

参数定义:

```
int pid
```

返回值:调用进程的进程ID。

5. getppid()

获取调用进程的父进程ID。

头文件:

```
#include <sys/types.h>
#include <unistd.h>
```

系统调用格式:

```
ppid = getppid()
```

参数定义:

```
int ppid
```

返回值:调用进程的父进程ID。

2.1.4 参考程序

1. fork1.c

```
/* fork1.c */
#include <sys/types.h>
```

```
#include <unistd.h>
#include <stdio.h>
#include <string.h>
main()
{
  int p,x,ppid,pid;
  x=0;
  p=fork();
  if(p>0)                /*如果是父进程*/
  {
    printf("parent output x=%d\n",++x);
    pid=getpid();      //获取进程自身的 ID 号
    printf("The id number of parent is:pid=%d\n",pid);
    printf("In the parent: p=%d\n",p);
    wait(0);             /*等待子进程运行结束*/  }
  else                   /*如果是子进程*/
  {
    printf("child output x=%d\n",++x);
    pid=getpid();
    printf("The id number of child is:pid=%d\n",pid);
    ppid=getppid();  //获取父进程的 ID 号
    printf("The id number of parent is:ppid=%d\n",ppid);
    printf("In the child: :p=%d\n",p);
  }
}
```

注意：观察 x、pid、ppid 在父子进程中输出的结果，并分析其原因。

2. fork2. c

```
/*fork2.c*/
#include <stdlib.h>
#include <sys/types.h>
#include <unistd.h>
#include <stdio.h>
#include <string.h>
main()
{
   int p,x;
   x=1;
   p=vfork();
   if (p>0)
      {
          printf("parent output x=%d\n",++x);
          wait(0);
      }
   else
   {
      printf("child output x=%d\n",++x);
      exit(0);                    /*子进程终止*/
   }
}
```

程序说明：

(1) 分析该程序的执行结果。

(2) 把程序中的语句"p=vfork();"改为"p=fork();",重新编译运行分析程序的执行结果。

(3) 分析两次程序执行结果的差异及其原因。

2.2 进程的控制

2.2.1 实验目的

1. 掌握在子进程中使用 execl()执行系统命令或调用已编译的其他可执行程序。
2. 掌握父进程通过创建子进程完成某项任务的方法。
3. 掌握系统调用 exit()和_exit()的使用。

2.2.2 实验内容

1. 设计程序实现父进程创建多个子进程,子进程中使用 execl()函数调用已编译的其他可执行程序。

2. 运行以下程序,分析程序执行结果。

```
/*exit1.c*/
#include <sys/types.h>
include <unistd.h>
#include <stdlib.h>
#include <stdio.h>
main()
{
  int p;
  printf("this is parent1\n ");
  p=fork();
  if (p>0)
      printf("this is parent2\n ");
  else
  {
    printf("this is child first\n");
    printf("this is child second");
    _exit(0);
  }
}
```

注意:观察子进程的两个输出语句的执行结果。若_exit(0)换为 exit(0),结果会怎样?分析原因。

2.2.3 实验指导

1. 进程调用可执行程序

在 UNIX/Linux 中,fork()是一个非常有用的系统调用,但 fork()创建的子进程与父进程共享同一个代码空间,即执行相同的内容,这在实际的程序设计中显得不实用。所以一般在 UNIX/Linux 中使用 fork() 建立子进程后,使用 exec()系统调用装入新的程序替换该子进程的代码和数据区。

exec()系列中的系统调用都完成相同的功能，它们把一个新程序装入内存，改变调用进程的执行代码，从而形成新进程。如果 exec()调用成功，调用进程将被覆盖，然后从新程序的入口开始执行，这样就产生了一个新进程，新进程的进程标识符 ID 与调用进程相同。

在 Linux 系统中，并不存在一个 exec()的函数形式，exec()指的是一组函数，共有 6 个，分别是 execl、execlp、execle、execv、execvp、execve，这些 exec()系列系统调用在 Linux 系统库 unistd.h 中，其基本功能相同，只是以不同的方式来给出参数。下面是 exec()系列系统调用头文件及调用格式。

头文件：

```
#include <unistd.h>
```

系统调用格式：

```
int execl(char *path, char *arg0,char *arg1,...,char *argn,NULL);
int execlp(char *file, char *arg0,char *arg1,..., char *argn,NULL);
int execv(char *path, char *argv[]);
int execve(char *path, char *argv[], char *envp[]);
int execle(char *path,char *arg0,char *arg1,...,char *argn,NULL,char *envp[]);
int execvp(char *file, char *argv[]);
```

返回值：执行成功不会返回，执行失败则直接返回−1，失败原因存于 errno 中。

下面通过实例介绍 execl()、execlp()、execv()、execve()函数的参数和使用方法。

1) execl()函数

函数原型：

```
int execl(char *path, char *arg0,char *arg1,...,char *argn,NULL);
```

参数说明：path 给出了被执行程序的路径名；后续的参数 arg0、arg1 以及用省略号表示的其他参数一起组成了该程序执行时的参数表。按照 Linux 的惯例，参数表的第一项是不带路径的程序文件名。被调用的程序可以访问这个参数表，它们相当于 shell 下的命令行参数。由于参数的个数是任意的，所以必须用一个 NULL 指针来标记参数表的结尾。

下面通过例 2-2 介绍使用 execl()函数运行目录列表程序 ls 的实现方法。

例 2-2

```
/execl1.c/
#include <stdio.h>
#include <unistd.h>
main()
{
  printf("executing ls\n");
  execl("/bin/ls","ls","-l",NULL);
  perror("execl failed to run ls");   /* 如果 execl 返回，说明其调用失败 */
}
```

2) execlp()函数

函数原型：

```
int execlp(char * file, char * arg0,char * arg1,..., char * argn,NULL);
```

参数说明：file 指向的一个简单的文件名，而不是一个路径名，由相应函数自动到 shell 环境变量 PATH 给定的目录中寻找该文件名的路径前缀部分；后续参数定义与 ecelc()函数类似。

下面通过例 2-3 介绍使用 execlp()函数运行目录列表程序 ls 的方法。

例 2-3

```
/execlp1.c/
#include <stdio.h>
#include <unistd.h>
main()
{
  printf("executing ls\n");
  execlp("ls","ls","-l",NULL);
  perror("execlp failed to run ls");
}
```

3）execv()函数

函数原型：

```
int execv(char * path, char * argv[]);
```

参数说明：path 为被执行程序的完整路径名；argv[]为传给被执行程序的命令行参数，包括 argv[0]，它一般是执行程序的名字。

下面通过例 2-4 介绍使用 execv()函数运行目录列表程序 ls 的方法。

例 2-4

```
/* execv1.c */
#include <stdio.h>
#include <unistd.h>
main()
{
  char * argv[] = {"ls","-l",NULL};
  execv("/bin/ls",argv);
}
```

4）execve()函数

函数原型：

```
int execve(char * path, char * argv[], char * envp[]);
```

参数说明：path 为被执行程序的完整路径名；argv[]为传给被执行程序的命令行参数，包括 argv[0]，它一般是执行程序的名字。envp[]则为传递给被执行程序的新环境变量。

下面通过例 2-5 介绍使用 execve()函数来运行目录列表程序 ls 的方法。

例 2-5

```
/* execvel.c */
#include <stdio.h>
#include <unistd.h>
main()
{
  char *envp[] = {"PATH = /bin:/usr/bin","TERM = console",NULL};
  char *argv[] = {"ls","-l",NULL};
  execve("/bin/ls",argv, envp);
}
```

对于 exec()系列的其余两个系统调用 execle()和 execvp()的用法此处不再详细介绍。例 2-6 是使用 exec()系列的 6 个系统调用分别运行“ps -f”命令显示每个与当前 shell 有关的进程的所有信息的例子。

例 2-6

```
/* execl.c */
#include <unistd.h>
#include <stdio.h>
#include <errno.h>
#include <string.h>
main()
{
  char *envp[] = {"PATH = /bin:/usr/bin","TERM = console",NULL};
  char *argv[] = {"ps","-f",NULL};
  if(fork() == 0)
  {
    printf("execl executing ps\n");
    execl("/bin/ps","ps","-f",NULL);
    perror("Err on execl");
  }
  if(fork() == 0)
  {
    printf("execlp executing ps\n");
    execlp("ps","ps","-f",NULL);
    perror("Err on execlp");
  }
  if(fork() == 0)
  {
    printf("execle executing ps\n");
    execle("/bin/ps","ps","-f",NULL, envp);
    perror("Err on execle");
  }
  if(fork() == 0)
  {
    printf("execv executing ps\n");
    execv("/bin/ps",argv);
    perror("Err on execv");
```

```
    }
    if(fork() == 0)
    {
      printf("execvp executing ps\n");
      execvp("ps",argv);
      perror("Err on execvp");
    }
    if(fork() == 0)
    {
      printf("execve executing ps\n");
      execve("/bin/ps",argv, envp);
      perror("Err on execve");
    }
}
```

exec()系列与 fork()系统调用的区别：

- 系统调用 exec()系列可用于新程序的运行。fork()只是将父进程的用户级上下文复制到新进程中，而 exec()系列可以将一个可执行的二进制文件覆盖在新进程的用户级上下文的存储空间上，以更改新进程的用户级上下文。
- exec()没有建立一个与调用进程并发的子进程，而是用新进程取代了原来进程。所以 exec()调用成功后，没有任何数据返回。

5）exec()系列和 fork()联合使用

系统调用 exec()和 fork()联合使用能为程序开发提供有力支持。调用 fork()建立子进程，然后在子进程中使用 exec()系列调用其他可执行程序，覆盖子进程的程序代码，并且父进程的程序代码不会被覆盖，这样就实现了父进程与其他进程的并发执行。

一般，fork()和 exec()系列联合使用的模型如下所示：

```
int status;
  ……
if (fork( ) == 0)
{
  ……
  execl(...);
  ……
}
```

例 2-7 是 fork()和 execl()函数联用的例子，父进程调用 fork()创建子进程，子进程调用 execl()运行 pwd 命令，显示当前所在目录当前工作目录的绝对路径名。父进程等待子进程结束后显示“pwd completed”。

例 2-7

```
/* exec2.c */
#include <unistd.h>
#include <stdio.h>
#include <errno.h>
```

```
#include <string.h>
#include <sys/types.h>
main()
{
  int p;
  p = fork();
  if(p == 0)
  {
    printf("execl executing pwd\n");
    execl("/bin/pwd","pwd",NULL);
    perror("Err on execl");
  }
  else if(p < 0)
  {
    perror("fork failed");
  }
  else
  {
    wait(0);
    printf("pwd completed\n");
  }
}
```

2. 进程等待

父进程等待子进程运行结束。进程通过 wait()与其子进程同步。当子进程结束时,将发送软中断 SIGCHLD 信号到父进程,子进程进入僵死状态,等待父进程调用 wait()取出子进程的状态。进程一旦调用 wait(),如果子进程没有完成,父进程将立即阻塞自己,一直等待。wait()自动分析当前进程是否有某个子进程已经退出。如果找到一个已经僵死的子进程,wait()将收集这个子进程的信息,并把它彻底销毁后返回;如果没有找到这样一个子进程,wait()将一直阻塞,直到有一个僵死进程出现为止。

核心会对 wait()做以下处理:

- 首先查找调用进程是否有子进程,若无,则返回出错码。
- 若找到一处于"僵死状态"的子进程,则将子进程的执行时间加到父进程的执行时间上,并释放子进程的进程表项。
- 若未找到处于"僵死状态"的子进程,则调用进程便在可被中断的优先级上睡眠,等待其子进程发来软中断信号时被唤醒。

头文件:

```
#include <sys/types.h>
# include <sys/wait.h>
```

系统调用格式:

```
int wait(status)
```

参数定义:

```
int *status;
```

参数说明：status 用来保存有关子进程退出时的一些状态，它是一个指向 int 类型的指针。如果不关心子进程是如何结束的，而只想把该僵死进程销毁(事实上绝大多数是这种情况)，则可以把参数 status 设置为 NULL 或 0。其调用形式为：wait(0)。也可以定义整型变量记录 wait()的返回值，调用形式如下：

```
pid = wait(NULL);
```

返回值：如果成功，wait 会返回被收集子进程的 ID，如果调用进程没有子进程，调用就会失败，此时 wait 返回－1，同时 errno 被置为 ECHILD。

例 2-8 中，父进程调用 wait(NULL)等待子进程睡眠 3 秒后结束，并把 wait()的返回值显示在屏幕上。分析程序的运行结果会发现，子进程正常结束，父进程获得的 wait()的返回值是子进程的 ID。

例 2-8

```
/*wait1.c*/
#include <sys/types.h>
#include <sys/wait.h>
#include <unistd.h>
#include <stdlib.h>
#include <stdio.h>
#include <errno.h>
#include <string.h>
int main()
{
  int pid, pr;
  pid = fork();
  if ( pid < 0 )                                              /*如果出错*/
  {
    printf("create child prcocess error: %s\n", strerror(errno));
    exit(1);
  }
  else if ( pid == 0)                                         /*如果是子进程*/
  {
    printf("I am child process with ID: %d \n", getpid());   /*输出子进程的 ID*/
    sleep(3);                                                 /*睡眠 3 秒钟*/
    exit(0);
  }
  else                                                        /*如果是父进程*/
  {
    printf("Now in parent process, ID =  %d\n", getpid());   /*输出父进程的 ID*/
    printf("I am waiting child process to exit.\n");
    pr = wait(NULL);                                          /*在这里等待子进程结束*/
    if ( pr > 0 )                                             /*子进程正常返回*/
      printf("I catched a child process with ID: %d\n", pr);
    else                                                      /*出错*/
    {
```

```
            printf("error: %s\n", strerror(errno));
        }
    }
    exit(0);
}
```

3. 进程终止

在 Linux 系统中，由 fork()系统调用创建子进程，由 wait()系统调用而等待。可通过给进程发送信号强行终止运行进程，也可当进程完成任务后自动退出而消亡。使进程自动退出系统的系统调用是 exit()或_exit()。

1) exit()

终止调用进程的执行。在调用 exit()之前要检查文件的打开情况，把文件缓冲区中的内容写回文件，即“清理 I/O 缓冲”。

头文件：

```
#include <stdlib.h>
```

系统调用格式：

```
void exit(status)
```

参数定义：

```
int status;
```

参数说明：status 是返回给父进程的一个整数，用来传递进程结束时的状态，包括进程正常结束或因出现某种意外而结束。

为了及时回收进程所占用的资源并减少父进程的干预，UNIX/Linux 利用 exit()来实现进程的自我终止，通常父进程在创建子进程时，应在进程的末尾安排一条 exit()命令，使子进程自我终止。一般来说，status 为 0 或 NULL 表示进程正常终止，否则表示出现错误，进程非正常结束。在实际编程时，可以用 wait()接收子进程的返回值，从而针对不同情况做不同处理。

如果参数 status 的值不是 NULL 或 0，wait()就会把子进程退出时的状态取出并存入其中，这是一个整数值，指出了子进程是正常退出还是被非正常结束的（例如一个进程也可以被其他进程用信号结束），以及正常结束时的返回值，或被哪一个信号结束的等信息。Linux 系统提供了 6 个宏用来检查子进程的返回状态：WIFEXITED(status)、WIFSIGNALED(status)、WIFSTOPPED(status)、WEXITSTATUS(status)、WTERMSIG(status)、WSTOPSIG(status)。下面是其中最常用的两个。

- WIFEXITED(status)：这个宏用来指出子进程是否为正常退出的，如果是，它会返回一个非零值（注意，虽然名字一样，这里的参数 status 并不同于 wait 唯一的参数（即指向整数的指针 status），而是那个指针所指向的整数，切记不要搞混了）。
- WEXITSTATUS(status)：当 WIFEXITED 返回非零值时，可以用这个宏来提取子进程的返回值，如果子进程调用 exit(5)退出，WEXITSTATUS(status) 就会返回 5。注意，如果进程不是正常退出的，也就是说，WIFEXITED 返回 0，这个值就毫无意义。

注意：读者可以通过后面参考程序中的程序 wait2.c，进一步学习 WIFEXITED(status)和 WEXITSTATUS(status)的使用。

如果调用进程在执行 exit()时，其父进程正在等待它的终止，则父进程可立即得到其返回的整数。核心须为 exit()完成以下操作：关闭软中断；回收资源；写记账信息；置进程为“僵死状态”。

2）_exit()

终止调用进程的执行，返回进程状态，但不关闭文件，不清除输出缓存。

头文件：

```
#include <unistd.h>
```

系统调用格式：

```
void _exit(status)
```

参数定义：

```
int status;
```

在 Linux 中，标准输入和标准输出都是作为文件处理的，虽然是一类特殊的文件，但从程序员的角度来看，它们和硬盘上存储数据的普通文件并没有任何区别。与所有其他文件一样，它们在打开后也有自己的缓冲区。

在 Linux 的标准函数库中，有一套称作“高级 I/O”的函数，例如：printf()、fopen()、fread()、fwrite()，它们也被称作“缓冲 I/O(buffered I/O)”，其特征是对应每一个打开的文件，在内存中都有一片缓冲区。每次读文件时，会多读出若干条记录，这样下次读文件时就可以直接从内存的缓冲区中读取；每次写文件的时候，也仅仅是写入内存中的缓冲区；等满足了一定的条件(达到一定数量，或遇到特定字符，如换行符和文件结束符 EOF)，再将缓冲区中的内容一次性写入文件；这样就大大增加了文件读写的速度，但也为编程带来了一点点麻烦。如果有一些数据，看似已经写入了文件，实际上因为没有满足特定的条件，它们还只是保存在缓冲区内，这时用_exit()函数直接将进程关闭，缓冲区中的数据就会丢失；反之，如果想保证数据的完整性，就一定要使用 exit()函数。从图 2-2 可以对 exit()和_exit()系统调用的执行过程进行较直观的对比。

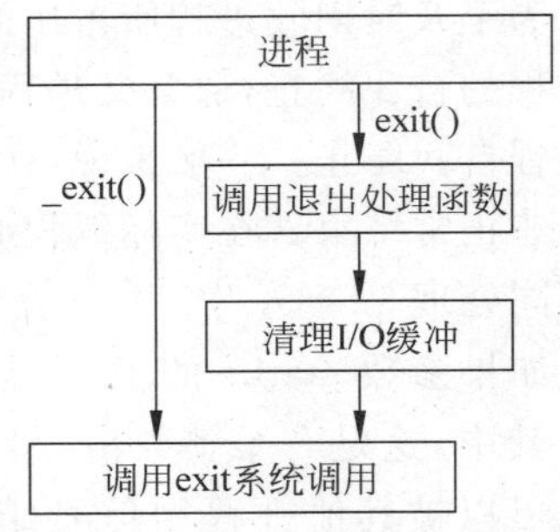

图 2-2　exit()和_exit()系统调用的执行过程

下面通过例 2-9 和例 2-10 对 exit( )和_exit( )做进一步的对比分析。

例 2-9

```
/* exit2.c */
#include <stdlib.h>
#include <stdio.h>
```

```
main()
{
  printf("using exit()");
  printf("content in buffer");
  exit(0);
}
```

运行结果：

```
using exit()content in buffer
```

例 2-10

```
/* exit3.c */
#include <unistd.h>
#include <stdio.h>
main()
{
  printf("using _exit()");
  printf("content in buffer");
  _exit(0);
}
```

编译运行后屏幕没有显示任何信息。

思考：如果把 exit2.c 和 exit3.c 中的两个 printf 语句都加上回车换行"\n"，再分别编译查看运行结果的变化，并分析原因。

2.2.4 参考程序

1. 子进程利用 execl()函数调用可执行程序的实现方法：exec3.c。

```
/* exec3.c */
#include <unistd.h>
#include <stdio.h>
#include <errno.h>
main()
{
  int p;
  p = fork();
  if (p>0)
      printf("In the parent\n");
  else
  {
    printf("before execute execl\n ");
    execl("./hello","hello",NULL);
    perror("execl failed to run hello\n ");
    printf("after execute execl\n ");
  }
}
```

程序说明：

父进程创建子进程，子进程中使用 execl()函数调用当前目录下的可执行程序 hello。

注意：观察子进程的两个输出语句 printf()的执行结果，分析原因。

2. 利用 wait()等待子进程结束的程序：wait2. c。

```
/* wait2.c */
#include <sys/types.h>
#include <sys/wait.h>
#include <unistd.h>
#include <stdlib.h>
#include <stdio.h>
#include <errno.h>
#include <string.h>
int main()
{
  int status,pid, pr;
  pid = fork();
  if ( pid < 0 )                    /* 如果出错 */
  {
    printf("create child prcocess error: %s\n", strerror(errno));
  }
  else if ( pid == 0)               /* 如果是子进程 */
  {
    printf("I am child process with ID: %d \n", getpid());
    exit(3);
  }
  else                              /* 如果是父进程 */
  {
    printf("Now in parent process, ID = %d\n", getpid());
    printf("I am waiting child process to exit.\n");
    pr = wait(&status);          /* 在这里等待子进程结束,获取子进程的返回值 */
    if(WIFEXITED(status) == 0) /* 如果子进程不是正常退出,WIFEXITED 返回 0,出错 */
    {
      printf("The child process %d exit abnormally\n", pr);
    }
    else                            /* 子进程正常返回,WIFEXITED 返回非零值 */
    {
      printf("The child process with ID: %d exit normally\n", pr);
      printf("The return code is %d exit normally\n", WEXITSTATUS(status));
    }
  }
}
```

程序说明：

父进程调用“pr = wait(&status);”等待子进程结束，获取子进程的返回值以判断子进程是否正常结束。

注意：观察父进程的输出语句的执行结果，分析原因。

2.3 进程的互斥

2.3.1 实验目的

1. 进一步理解进程并发执行的实质。
2. 学习系统调用 sleep()的使用方法。
3. 学习系统调用 lockf()的使用方法。
4. 分析进程竞争资源的现象,学习解决进程互斥的方法。

2.3.2 实验内容

1. 分析参考程序的输出结果。

2. 设计一程序,父进程创建一个文本文件,多个子进程利用系统调用 lockf()实现对该文件进行互斥读或写操作。

2.3.3 实验指导

1. lockf()

Linux 系统可利用函数 lockf()对文件或设备进行加锁和解锁,实现多个进程对同一资源互斥访问。当某进程试图访问已锁定资源时将返回错误或进入休眠状态,直到资源解除锁定为止。当关闭文件时,将释放进程的所有锁定,即使进程仍然有打开的文件。当进程终止时,将释放进程保留的所有锁定。

头文件:

```
#include <unistd.h>
```

系统调用格式:

```
lockf(fd,function,size);
```

参数定义:

```
int lockf(fd,function,size);
int fd,function;
long size;
```

参数说明:fd 是打开文件的文件描述符;function 是锁定和解锁:1 表示锁定,0 表示解锁。size 是锁定或解锁的字节数,如果取值为 0,表示从文件的当前位置到文件尾。

2. sleep()

Linux 系统可利用函数 sleep()使进程挂起指定的时间,直至指定时间用完或者收到信号。

头文件:

```
#include <unistd.h>
```

系统调用格式:

```
unsigned int sleep(unsigned int seconds);
```

参数说明：seconds 指定进程要挂起的时间，单位为秒。

2.3.4 参考程序

1. 文件加锁程序：lockf1.c。

```
/* lockf1.c */
#include<stdio.h>
#include<stdlib.h>
#include<unistd.h>
#include<string.h>
main()
{
  char file[10];
  int p1,p2,i;
  int *fp;
  printf("Enter the file name(lockf.txt):\n");
  scanf("%ds",file);
  fp = fopen(file,"w+");
  if(fp==NULL)
  {
    printf("Fail to create file\n");
    exit(-1);
  }
  while((p1=fork( ))== -1);                    /*创建子进程 p1*/
  if (p1==0)
  {
    lockf(*fp,1,0);                             /*加锁*/
    printf("Child 1 access file\n");
    for(i=0;i<5;i++)
      {
        fprintf(fp,"child1 = %d\n",i);
        sleep(2);
      }
    lockf(*fp,0,0);                             /*解锁*/
  }
  else
  {
    while((p2=fork( ))== -1);                   /*创建子进程 p2*/
    if (p2==0)
    {
          lockf(*fp,1,0);                       /*加锁*/
          printf("Child 2 access file\n");
          for(i=0;i<5;i++)
        {
              fprintf(fp,"child2 = %d\n",i);
          sleep(2);
        }
```

```
            lockf( * fp,0,0);                     /* 解锁 */
      }
      else
      {
        lockf( * fp,1,0);                         /* 加锁 */
        printf("Parent access file\n");
        for(i = 0;i < 5;i++)
         {
           fprintf(fp,"parent =  %d\n",i);
           sleep(2);
           }
        lockf( * fp,0,0);                         /* 解锁 */
        wait(0);
        wait(0);
        fclose(fp);
        printf("Success to edit file\n");
      }
   }
}
```

程序说明：

父进程和两个子进程交替向文件 lockf. txt 中写入信息。利用 cat 命令查看新建文件 lockf. txt 的内容。

2. 输出设备加锁程序：lockf2. c。

```
/* lockf2.c */
#include < stdio.h >
#include < stdlib.h >
#include < unistd.h >
#include < string.h >
main( )
{
  int p1,p2,i;
  p1 = fork( );                  /* 创建子进程 p1 */
  if (p1 == 0)
  {
    lockf(1,1,0);                /* 加锁,这里第一个参数为 stdout(标准输出设备的描述符) */
    for(i = 0;i < 5;i++)
    {
      printf("child1 = %d\n",i);
      sleep(2);
    }
    lockf(1,0,0);                /* 解锁 */
    exit(0);
  }
  else
  {
    p2 = fork();                 /* 创建子进程 p2 */
    if (p2 == 0)
```

```
    {
      lockf(1,1,0);/ * 加锁,第一个参数为 stdout(标准输出设备的描述符) * /
      for(i = 0;i < 5;i++)
      {
        printf("child2 =  % d\n",i);
        sleep(2);
      }
      lockf(1,0,0);                  / * 解锁,第一个参数为 stdout(标准输出设备的描述符) * /
    }
    else
    {
      lockf(1,1,0);                  / * 加锁 * /
      for(i = 0;i < 5;i++)
      {
        printf(" parent % d\n",i);
        sleep(2);
      }
      lockf(1,0,0);                  / * 解锁 * /
      wait(0);
      wait(0);
    }
  }
}
```

程序说明：

按以下步骤分析上面的程序 lockf2.c。

- 利用"$ time ./可执行文件名",查看程序执行的结果并估计程序执行所需要时间。
- 将程序中所有的 lockf()函数加上注释,再观察程序执行结果并估算程序执行所需的时间。
- 分析程序两次执行的结果与时间的区别。

第3章 进 程 通 信

3.1 信 号 机 制

3.1.1 实验目的

1. 熟悉信号的基本概念。
2. 掌握 Linux 系统中进程之间利用信号机制进行软中断通信的基本原理。

3.1.2 实验内容

1. 编写程序利用信号机制实现父子进程之间的同步。
2. 运行以下程序,分析程序结果。

```
/* signal1.c */
#include <stdio.h>
#include <signal.h>
#include <unistd.h>
#include <stdlib.h>
int i;
void intfun( )
{
  i = 0;
}
main( )
{
  int k,j,pid;
  j = 1;
  while((pid = fork( )) == -1);
  if (pid > 0)
  {
    for(k = 1;k < 3;k++)
    {
      printf("how are you!\n");
      sleep(1);
    }
    kill(pid,17);          /* 发送软中断信号给子进程 */
    wait(0);               /* 等待子进程终止 */
    printf("Parent exited\n");
    exit(0);
```

```
    }
    else
    {
      signal(17,intfun);          /* 预置软中断信号 17 */
      i=1;
      while(i==1)                 /* 循环显示并等待父进程发软中断信号 */
      {
        printf("I am child: %d\n",j++);
        sleep(1);
      }
      printf("Child exited\n");
      exit(0);
    }
}
```

运行该程序,分析程序执行流程、运行结果以及程序实现的功能。

3.1.3 实验指导

1. 信号的基本概念

信号是进程在运行过程中,由自身产生或由进程外部发过来的消息(事件)。信号是硬件中断的软件模拟(软中断)。每个信号用一个整型常量宏表示,以 SIG 开头,比如 SIGCHLD、SIGINT 等,它们在系统头文件<signal.h>中定义,也可以通过在 shell 提示符下输入“kill -l”查看信号列表,或者输入“man signal”查看更详细的说明。

信号的生成来自内核,让内核生成信号的请求来自如下 3 个方面。

- 用户:用户能够通过输入 Ctrl+C、Ctrl+\,或者是终端驱动程序分配给信号控制字符的其他任何键来请求内核产生信号。
- 内核:当进程执行出错时,内核会给进程发送一个信号,例如非法段存取(内存访问违规)、浮点数溢出等。
- 进程:进程可以通过系统调用 kill 给另一个进程发送信号,进程也可以通过信号和另外一个进程进行通信。

由进程的某个操作产生的信号称为同步信号(synchronous signals),例如除 0;由用户击键这样的进程外部事件产生的信号叫做异步信号(asynchronous signals)。

进程接收到信号以后,可以进行如下 3 种处理过程。

- 接收默认处理:接收默认处理的进程通常会导致进程本身消亡。例如连接到终端的进程,用户按下 Ctrl+C,将导致内核向进程发送一个 SIGINT 的信号,进程如果不对该信号做特殊的处理,系统将采用默认的方式处理该信号,即终止进程的执行。
- 忽略信号:进程可以通过代码,显式地忽略某个信号的处理,例如:signal(SIGINT,SLG_DFL);但是某些信号是不能被忽略的。比如有两个信号既不能被忽略也不能被捕捉,它们是 SIGKILL 和 SIGSTOP。即进程接收到这两个信号后,只能接受系统的默认处理,即终止进程。
- 捕捉信号并处理:进程可以事先注册信号处理函数,当接收到信号时,由信号处理函数自动捕捉并且处理信号。

信号具有如下几个特点：

- 信号是软中断，既可作为进程间通信的一种机制，也可用于处理一些非正常情况。
- 信号是异步的，进程并不知道信号什么时候到达。
- 进程既可以处理信号，也可以发送信号给特定进程。
- 每个信号都有一个名字，这些名字都以 SIG 开头。例如 SIGABRT 是进程异常终止信号。

2. 信号的使用

进程可以从以下几个方面使用信号：

- 注册一个特定信号捕捉函数，即指定进程的信号处理函数。
- 阻塞一个信号(即推迟信号的发生)，比如处于一段临界代码，执行完临界代码后再启用这个信号。
- 向另外一个进程发送信号。

当进程处于核心态时，即使收到软中断也不予理睬；只有当它返回到用户态后，才处理软中断信号。对软中断信号的处理分 3 种情况进行：

- 如果进程收到的软中断是一个已决定要忽略的信号，进程不做任何处理便立即返回。
- 进程收到软中断后便退出。
- 执行用户设置的软中断处理程序。

3. 所涉及的系统调用

信号机制需要两个系统调用：信号注册函数 signal()和发送信号函数 kill()。

1) signal()

用来通知内核如何处理某个特定信号(忽略、捕捉、默认处理)。预置进程对信号的处理方式，允许调用进程控制软中断信号。

头文件：

```
#include <signal.h>
```

系统调用格式：

```
signal(sig,handler)
```

参数定义：

```
int sig;
void (*handler) (int)
```

参数说明：signum 表示要捕捉的信号类型，sig 为 0 则表示没有收到任何信号，余者如表 3-1 所示。handler 是函数指针，表示要对该信号进行捕捉的函数，该参数的取值范围有 3 种：

- SIG_IGN：表示当进程运行中接收到指定信号时，忽略它，不做任何处理。
- SIG_DFL：表示交由系统缺省处理，使用系统自带的处理程序完成信号的处理，相当于白注册了。
- 列出 func 函数名：对接收到的信号处理可以用一个整数地址形式表示一个执行函

数。在该取值情况下，当进程接收到类型为 sig 的信号时，不管当前进程正在执行哪部分程序，都立即把控制权转给 func 函数。当 func 完成后，进程的控制权将返回原进程中断处。

返回值：如果调用成功，返回以前该信号的处理函数的地址，否则返回 SIG_ERR。

在表 3-1 中，core dump 又叫核心转储，当程序运行过程中发生异常，程序异常退出时，由操作系统把程序当前的内存状况存储在一个 core 文件中。

表 3-1 Linux 内核定义的常用信号

值	名字	说明	默认处理
01	SIGHUP	挂起(hangup)，中断关闭时产生这个信号	进程终止
02	SIGINT	中断，用户从键盘按 Ctrl+C 键	进程终止
03	SIGQUIT	退出，用户从键盘按 Ctrl+\键，不同于 SIGINT，这个会产生 core dump 文件	进程终止并产生 core 文件
04	SIGILL	非法指令，这个信号用户不能去捕捉它	进程终止
05	SIGTRAP	跟踪陷阱(trace trap)，遇到调试断点	进程终止并产生 core 文件
06	SIGIOT	执行 I/O 时产生硬件错误	进程终止并产生 core 文件
07	SIGBUS	总线错误	进程终止并产生 core 文件
08	SIGFPE	浮点运算溢出，算术运算异常，除 0 等	进程终止并产生 core 文件
09	SIGKILL	终止进程(不可屏蔽)，这个信号用户不能去捕捉它	进程终止
10	SIGUSR1	用户自定义信号 1	进程终止
11	SIGSEGV	内存非法访问，默认打印出 segment fault	进程终止并产生 core 文件
12	SIGUSR2	用户自定义信号 2	进程终止并产生 core 文件
13	SIGPIPE	向某个非读管道中写入数据，即管道文件只有写进程，没有读进程	进程终止
14	SIGALRM	定时报警信号，闹钟 timer 到期	进程终止
15	SIGTERM	用 kill 系统调用发出的软件终止信号	进程终止
17	SIGCHLD	某个子进程终止	进程终止
19	SIGSTOP	进程暂停运行	进程终止
30	SIGPWR	电源故障	进程终止

下面通过例 3-1 说明 handler 参数的一种特殊定义。当 handler 参数为 SIG_IGN 时，表示忽略掉该信号而不做任何处理。

例 3-1 忽略掉终端 Ctrl+C 产生的 SIGINT 信号。

```
/*sig_ign.c*/
#include <signal.h>
#include <unistd.h>
#include <stdio.h>
#include <sys/wait.h>
#include <sys/types.h>
main()
{
  signal(SIGINT,SIG_IGN);      /*设置忽略键盘中断信号*/
  while(1)
  {
```

```
        printf("No answer to 'Ctrl + C' \n");
        sleep(2);
    }
}
```

程序说明：

该程序运行后，将 Ctrl＋C 产生的 SIGINT 信号被忽略了，所以输入 Ctrl＋C 将不能终止该进程。要终止该进程，可以向进程发送 SIGQUIT 信号，即组合键 Ctrl＋\。如果把该程序中的语句 signal(SIGINT,SIG_IGN)删掉，再重新编译运行，就可以用 Ctrl＋C 组合键终止程序。

2) kill()

用于发送指定类型的信号。

头文件：

```
#include <signal.h>
#include <sys/types.h>
```

系统调用格式：

```
int kill(pid,sig)
```

参数定义：

```
int pid,sig;
```

参数说明：pid 是将要接收信号的进程 ID；sig 是要发送的软中断信号。

函数说明：将参数 sig 指定的信号传递给 pid 标记的进程。

参数 pid 的取值分析如下。

- pid＞0：表示一个进程 ID 号，核心将信号 sig 发送给进程号 ID 为 pid 的进程。
- pid＝0：表示同一进程组的进程，核心将信号 sig 发送给当前进程所属进程组的所有进程。
- pid＜－1：表示进程组 ID 为 pid 绝对值的所有进程，核心将信号 sig 发送给进程组 ID 等于 pid 绝对值的所有进程。
- pid＝－1：表示除发送者外，所有 pid＞1 的进程，核心将信号 sig 发送给除 1 号进程和自身以外的所有进程。

返回值：如果发送成功，返回 0，否则为－1。

例 3-2 当从键盘接收到首字母为“a”时，程序将通过发送信号 SIGQUIT 把自己终止。

```
/*kill.c*/
#include <stdio.h>
#include <signal.h>
#include <unistd.h>
#include <sys/types.h>
main()
{
```

```
    char in[10] = "hello";
    while(1)
    {
      printf("Enter 'a' from keyboard if you want exit:\n");
      scanf(" %s",in);
      if(in[0] == 'a')                /* 当从键盘接收到首字母为"a"时,发送信号 SIGQUIT 终止 */
      {
        printf("The process will be killed by itself!\n");
        kill(getpid(),SIGQUIT);   /* 获取自身 ID,发送信号 SIGQUIT 自我终止 */
      }
    }
  }
```

程序说明：

该程序运行后，循环提示用户从键盘数据字符信息，当接收到首字母为“a”的字符信息时，调用 kill()，获取自身 ID，发送信号 SIGQUIT 自我终止。

3.1.4 参考程序

```
/* signal2.c */
#include <stdio.h>
#include <signal.h>
#include <unistd.h>
#include <stdlib.h>
void waiting( ),stop( );
int wait_mark;
void waiting( )
{
  while(wait_mark! = 0);
}
void stop( )
{
  wait_mark = 0;
}
main( )
{
  int p1,p2;
  signal(SIGINT,SIG_IGN);        /* 设置忽略键盘中断信号,创建的子进程与父进程相同设置 */
  while((p1 = fork( )) == -1);  /* 创建子进程 p1 */
  if (p1 > 0)
  {
    while((p2 = fork( )) == -1);  /* 创建子进程 p2 */
    if(p2 > 0)
    {
      printf("请按 Ctrl + C 键终止程序!\n");
      wait_mark = 1;
      signal(SIGINT,stop);       /* 接收到^c 信号,转 stop */
      waiting( );
```

```
        kill(p1,10);                /* 向 p1 发软中断信号 10 */
        kill(p2,12);                /* 向 p2 发软中断信号 12 */
        wait(0);                    /* 同步 */
        wait(0);
        printf("Parent process is killed!\n");
        exit(0);
      }
      else
      {
        wait_mark = 1;
        signal(12,stop);            /* 接收到软中断信号 12,转 stop */
        waiting( );
        lockf(1,1,0);               /* 加锁,第一个参数为 stdout(标准输出设备的描述符) */
        printf("Child process 2 is killed by parent!\n");
        lockf(1,0,0);               /* 解锁,第一个参数为 stdout(标准输出设备的描述符) */
        exit(0);
      }
    }
    else
    {
      wait_mark = 1;
      signal(10,stop);              /* 接收到软中断信号 10,转 stop */
      waiting( );
      lockf(1,1,0);
      printf("Child process 1 is killed by parent!\n");
      lockf(1,0,0);
      exit(0);
    }
}
```

程序说明:

用 fork()创建两个子进程,再用系统调用 signal()让父进程捕捉键盘上来的中断信号(即按 Ctrl+C 键);捕捉到中断信号后,父进程用系统调用 kill()向两个子进程发出信号,子进程捕捉到信号后分别输出下列信息后终止:

```
Child process1 is killed by parent!
Child process2 is killed by parent!
```

父进程等待两个子进程终止后,输出如下的信息后终止:

```
Parent process is killed!
```

注意:

- 运行编译后的程序,查看输出;按 Ctrl+C 组合键再查看程序执行结果。
- 将编译后的程序后台执行,查看输出;按 Ctrl+C 组合键再查看程序执行结果;在 shell 提示符下输入 kill -INT pid,查看程序执行结果,其中,pid 是该程序后台执行后显示的进程号。
- 将第一个 signal(SIGINT,SIG_IGN)标为注释,看一下运行结果,分析原因。

3.2 无名管道通信

3.2.1 实验目的

1. 了解管道通信机制的基本原理。
2. 掌握父子进程使用无名管道通信的方法。

3.2.2 实验内容

1. 父子进程基于无名管道的简单通信。

```
/* pipe1.c */
#include <sys/types.h>
#include <sys/wait.h>
#include <stdlib.h>
#include <unistd.h>
#include <signal.h>
#include <stdio.h>
#include <string.h>
main()
{
  int fd[2],pid,n;
  char outpipe[50],inpipe[50];
  pipe(fd);                        /* 创建无名管道 */
  pid = fork();
  if(pid == 0)
  {
    sprintf(outpipe,"I am child process");
    lockf(fd[1],1,0);         /* 加锁 */
    write(fd[1],outpipe,strlen(outpipe));  /* 向无名管道写入信息 */
    lockf(fd[1],0,0);         /* 解锁 */
    printf("child process writes %d bytes: %s\n",strlen(outpipe),outpipe);
  }
else
  {
    wait(0);
    lockf(fd[0],1,0);
    n = read(fd[0],inpipe,25); /* 从无名管道读出信息 */
    lockf(fd[0],0,0);
    printf("parent process %d reads %d bytes: %s\n",getpid(),n,inpipe);
  }
}
```

运行程序，观察程序执行的结果。

2. 编写程序实现多个进程基于无名管道进行通信。用系统调用 pipe()建立一个无名管道，两个子进程 p1 和 p2 分别向管道写入一句话：

```
Child 1 is sending a message!
```

```
Child 2 is sending a message!
```

父进程从无名管道中读出两个来自子进程的信息并显示,子进程发送先后顺序没有要求。

3.2.3 实验指导

1. 管道技术简介

Linux 系统提供了丰富的进程通信手段,如信号、管道、共享内存、消息队列等,能有效地完成多个进程间的信息共享和数据交换。管道是进程间通信中最古老的方式,可以在进程之间提供简单的数据交换和通信功能。信号在进程间传送的只是一个信号值,管道可以在进程间传送大量的数据。

管道分为无名管道(PIPE)和有名管道(FIFO)两种,无名管道用于具有亲缘关系进程间的通信,即可用于父进程和子进程间的通信。有名管道克服了无名管道没有名字的限制,因此,除前者所具有的功能外,它还允许无亲缘关系进程间的通信,即可用于运行于同一台机器上的任意两个进程间的通信。本节介绍基于无名管道的通信机制。

无名管道,是指能够连接一个写进程和一个读进程、并允许它们以生产者—消费者方式进行通信的一个共享文件,又称为 pipe 文件。由写进程从无名管道的写端(句柄 1)将数据写入无名管道,而读进程则从无名管道的读端(句柄 0)读出数据。无名管道通信的示意图如图 3-1 所示。

无名管道具有以下特点:

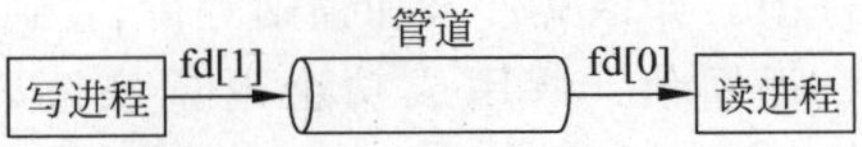

- 无名管道只能用于具有亲缘关系的进程之间进行通信。
- 无名管道是半双工的通信模式,具有固定的读端和写端。
- 无名管道是一种特殊的文件,存在于内存中,可通过 read()、write()对其进行操作。

写进程 —fd[1]→ 管道 —fd[0]→ 读进程

图 3-1 进程间通过无名管道进行通信

2. 无名管道的创建

系统调用 pipe()用于创建一个无名管道。

头文件:

```
#include<unistd.h>
```

系统调用格式:

```
int pipe(int fd[2])
```

参数定义:

```
int fd[2];
```

参数说明:fd[2]是有 2 个整数的数组,存放打开文件描述符,其中,fd[0]指向无名管道的读端,fd[1]指向无名管道的写端。

函数说明:pipe()在内存中开辟一块缓冲区用于通信,它有一个读端和一个写端,通过 fd[2]参数传递给用户程序两个文件描述符。因此,无名管道在用户程序看起来就像一个打开的文件,通过 read()或 write()向这个文件读写数据。如果试图从无名管道写端读取数据,或者向无名管道读端写入数据都将导致错误发生。

返回值:调用成功返回0,否则返回-1。

3. 向无名管道写入数据

向无名管道中写入数据时,Linux将不保证写入的原子性,只要无名管道缓冲区有空闲区域,写进程就会试图向无名管道中写入数据。如果读数据的进程不读走无名管道缓冲区中的数据,将导致写操作的阻塞。

注意:只有在无名管道的读端存在时,向无名管道中写入数据才有意义;否则,向无名管道中写入数据的进程将收到内核传来的SIFPIPE信号,应用程序可以处理该信号,也可以忽略(默认动作则是应用程序终止)。向无名管道写入数据采用系统调用write()。

打开文件后,可以通过write()系统调用向文件写入数据。

头文件:

```
#include <unistd.h>
```

系统调用格式:

```
ssize_t write(int fd, const void *buf, size_t count);
```

参数说明:fd为文件描述符,如果向无名管道写入数据,参数fd为无名管道写入端描述字fd[1];buf为存放写入数据的缓冲区指针,count为要写入的字节数。

函数说明:此函数将buf所指向的缓冲区中count个字节写入文件描述符fd所表示的文件中。如该文件被加锁则等待,直到锁打开为止。如果count为0,write()将返回0。

返回值:调用成功会返回实际写入的字节数。如果出错返回-1,错误代码存入errno中。

例:

```
write(fd[1],buf,count);    /* 把buf所指向的缓冲区中count个字节的数据写入无名管道 */
```

4. 从无名管道读出数据

从无名管道读出数据采用系统调用read()。

头文件:

```
#include <unistd.h>
```

系统调用格式:

```
ssize_t read(int fd, void *buf, size_t count);
```

参数说明:fd为文件描述符,如果从无名管道读出数据,参数fd为无名管道读端描述字fd[0];buf为存放读出数据的缓冲区指针,count为要读取的字节数。

函数说明:read()把文件描述符fd所表示的文件读取count个字节的数据,放到缓冲区buf。如该文件被加锁则等待,直到锁打开为止。若参数count为0,则read()不起作用并返回0。若参数count不为0,返回值为实际读取到的字节数,如果返回0,表示已到达文件尾部或无数据可读。

返回值:调用成功返回实际读取到的字节数。如果返回0,表示已到达文件尾部或无数据可读。如果为－1,则表示出错。

例：

```
n = read(fd[0],buf,count);   /* 从无名管道读出 count 字节数据,并送至指针 buf 缓冲区 */
```

5. 父子进程间基于无名管道通信的简单模型

无名管道存在于内存中,无法像操作普通文件那样通过指定路径来打开文件。因此通常的做法是在父进程中先创建无名管道,再创建子进程。由于子进程继承了父进程打开的文件描述符,所以父子进程就可以通过创建的无名管道进行通信。父子进程间基于无名管道通信的简单模型如下：

```
int status;
……
pipe(fd);                          /* 创建无名管道 */
while((pid = fork()) == - 1);      /* 创建子进程 */
if (pid == 0)
{
   ……
   lockf(fd[1],1,0);               /* 加锁 */
   write(fd[1],buf,count);         /* 向无名管道写入信息 */
   lockf(fd[1],0,0);               /* 解锁 */
   ……
}
else
{
   wait(0);
   lockf(fd[0],1,0);               /* 加锁 */
   n = read(fd[0],buf,count);      /* 从无名管道读出信息 */
   lockf(fd[0],0,0);               /* 解锁 */
   ……
}
```

3.2.4 参考程序

同一个进程树的兄弟进程通信程序：pipe2.c。

```
/* pipe2.c */
# include < sys/types.h >
# include < sys/wait.h >
# include < stdlib.h >
# include < unistd.h >
# inlcude < signal.h >
# include < stdio.h >
# include < string.h >
main()
{
   int fd[2],pid,pir,n,i;
   char send[50] = "b",receive[50] = "b";
```

```
    pipe(fd);
    pid = fork();
    if(pid == 0)
    { /* 第一个子进程向无名管道里写内容,当从键盘接收的首字母为"a"结束 */
      while(send[0]! = 'a')
      {
        printf("Child1 inputs information from keyboard:\n");
        scanf(" % s",send);
        lockf(fd[1],1,0);
        write(fd[1],send,strlen(send));
        lockf(fd[1],0,0);
        printf("Send: % s\n",send);
        sleep(1);
      }
    }
    else
    {
      pir = fork();
      if(pir == 0)
      { /* 第二个子进程从无名管道读取数据,当从无名管道中读出的首字母为"a"结束 */
        while (receive[0]! = 'a')
        {
          lockf(fd[0],1,0);
          n = read(fd[0],receive,20);
          lockf(fd[0],0,0);
          printf("Child2 received : % s\n",receive);
        }
      }
      else
      {
        wait(0);
        wait(0);
        printf("parent is kill!\n");
      }
    }
}
```

程序说明：

父进程先创建管道，再创建两个子进程。第一个子进程把从键盘接收的信息写入无名管道，当从键盘接收到首字母为“a”的信息时结束。第二个子进程从无名管道中读取数据，当从无名管道中读出的首字母为“a”的信息时结束。父进程利用 wait(0)，等待两个子进程运行结束后，输出“parent is kill”退出程序。

3.3 有名管道通信

3.3.1 实验目的

1. 掌握有名管道的通信原理及使用方法。

2. 理解分析无名管道和有名管道的区别。

3.3.2 实验内容

设计两个程序，用有名管道实现简单的聊天功能。

3.3.3 实验指导

1. 有名管道的原理

无名管道应用的一个重大限制是没有名字，而且只能用于具有亲缘关系的进程间通信。在有名管道提出后，该限制得到了突破。

有名管道又称先进先出队列(FIFO)，是一种存在于文件系统中的特殊管道，有文件名，通过文件进行通信。与无名管道不同，有名管道可以用于任意两个进程的通信，而且在进程通信结束后仍然存在于文件系统中，除非进行删除操作。

有名管道不同于无名管道之处在于它提供一个路径名与之关联，与有名管道的创建进程不存在亲缘关系的进程，只要可以访问该路径，就能够彼此通过有名管道相互通信，因此，通过有名管道不相关的进程也能交换数据。

值得注意的是，和无名管道一样，有名管道也只能实现单向通信。有名管道严格遵循先进先出，对有名管道的读总是从开始处返回数据，对它们的写操作将把数据添加到末尾。不支持诸如 lseek()等文件定位操作。

2. 有名管道的创建

有名管道可以被任何知道其名字的进程打开和使用。利用有名管道进行通信，通信双方必须首先创建一个有名管道，并与它的一端相连，才能打开管道进行读写。当有名管道对应的文件不再需要时，要显式删除。创建一个有名管道有两种方式：一种是像新建一个目录一样采用 shell 命令创建一个有名管道。另一种是在程序中采用系统调用的方式创建一个有名管道。

3. shell 命令方式创建有名管道

有两个 shell 命令(mkfifo 和 mknod)可以实现创建一个有名管道。

1) mkfifo

命令格式：

```
mkfifo fifoname
```

参数说明：fifoname 是要创建的有名管道的名字。

2) mknod

命令格式：

```
mknod fifoname p
```

参数说明：fifoname 是要创建的有名管道的名字，参数 p 表明该文件是个管道文件。

例：在 shell 命令方式创建一个管道命名为 fifo，使用“ls -l”查看创建的管道文件，最后再用 rm 命令删除该管道文件。

```
$ mkfifo fifo1
$ mknod fifo2 p
$ ls -l
```

查看到的有名管道文件 fifo1 和 fifo2 的显示结果如下：

```
prw-r-- r-- 1 user user 0 2010-10-10 10:11 fifo1
prw-r-- r-- 1 user user 0 2010-10-10 10:12 fifo2
```

以有名管道文件 fifo1 为例，第一个字符"p"表示文件类型为管道文件。随后的 9 个字符表示文件主、同组用户、其他用户对文件或目录的存取权限。删除管道文件的命令如下：

```
$ rm fifo1
$ rm fifo2
```

4. 系统调用方式创建有名管道

创建一个有名管道的系统调用为 mkfifo()或 mknod()。

1) mkfifo()

头文件：

```
#include <fcntl.h>
#include <sys/types.h>
#include <sys/stat.h>
```

系统调用格式：

```
int mkfifo(const char * pathname, mode_t mode);
```

参数说明：pathname 为字符串指针，是一个普通的路径名，存放创建后的有名管道的文件名；mode 为权限值，指定所创建的有名管道文件的存取权限，取值含义与创建普通文件一致。参数 mode 则有下列几种组合，要求按位逻辑加对下列符号常量进行所需要的组合。

- S_IRWXU：即 00700 权限，代表该文件所有者具有可读、可写及可执行的权限。
- S_IRUSR 或 S_IREAD：即 00400 权限，代表该文件所有者具有可读取的权限。
- S_IWUSR 或 S_IWRITE：即 00200 权限，代表该文件所有者具有可写入的权限。
- S_IXUSR 或 S_IEXEC：即 00100 权限，代表该文件所有者具有可执行的权限。
- S_IRWXG：即 00070 权限，代表该文件用户组具有可读、可写及可执行的权限。
- S_IRGRP ：即 00040 权限，代表该文件用户组具有可读的权限。
- S_IWGRP：即 00020 权限，代表该文件用户组具有可写入的权限。
- S_IXGRP：即 00010 权限，代表该文件用户组具有可执行的权限。
- S_IRWXO：即 00007 权限，代表其他用户具有可读、可写及可执行的权限。
- S_IROTH：即 00004 权限，代表其他用户具有可读的权限
- S_IWOTH：即 00002 权限，代表其他用户具有可写入的权限。
- S_IXOTH：即 00001 权限，代表其他用户具有可执行的权限。

返回值：正确返回 0，错误返回－1。

例：

```
mkfifo("fifo1",S_IWUSR|S_IRUSR|S_IRGRP|S_IROTH); /* 创建管道 fifo1,权限为创建者读写,其他
                                                 用户只读 */
```

2) mknod()

头文件：

```
#include <fcntl.h>
#include <sys/types.h>
#include <sys/stat.h>
```

系统调用格式：

```
int mknod(const char * pathname, mode_t mode,dev_t dev);
```

参数说明：pathname 为字符串指针，是一个普通的路径名，存放创建后的有名管道的文件名；dev 是文件所在的设备，对于有名管道，dev 参数的值为 0；mode 为创建的有名管道的模式，指定所创建有名管道文件的存取权限，取值含义与 mkfifo()中的参数相同。但是还需要特别指明要创建管道文件的类型：S_IFIFO 或 010。

返回值：正确返回 0，错误返回－1。

例：

```
mknod("fifo",010777,0); /* 创建属性为 010777 的管道文件,其中 010 为管道文件的类型,777 为
                         允许读写执行的属性 */
mknod("fifo1",S_IFIFO|S_IWUSR|S_IRUSR|S_IRGRP|S_IROTH); /* 创建管道 fifo1,权限为创建者读
                                                         写,其他用户只读 */
```

5. 有名管道的使用

创建有名管道后，该管道文件存于文件系统中，在系统中有一个目录项和磁盘节点与之对应，如果用户进程要使用某个有名管道文件，需要在进程中打开该有名管道文件。发送进程调用 open()函数以只读的方式打开有名管道文件，接收进程调用 open()函数以只写的方式打开该有名管道文件。若只有一个进程打开该有名管道文件，则另一个进程进入阻塞状态，直到另一进程以读或写的方式打开。使用方法与普通文件类似，使用 read()和 write()函数对无名管道文件进行读写，使用 close()函数关闭无名管道文件，unlink()函数删除无名管道文件。

6. 打开一个有名管道

有名管道创建成功后并没有打开，需要使用系统调用 open()将对应的文件打开。

系统调用格式：

```
int open(const char * pathname,int flags);
```

参数说明：pathname 是要打开的有名管道的路径名，flags 是文件打开时的存取方式。下列是参数 flags 可能的取值。

- O_RDONLY：以只读方式打开文件。

- O_WRONLY：以只写方式打开文件。
- O_RDWR：以可读写方式打开文件。

打开一个有名管道和打开一个普通文件没有区别，只是利用有名管道通信的发送进程以只写方式(O_WRONLY)打开，而接收进程以只读方式(O_RDONLY)打开。

返回值：调用成功返回所打开有名管道文件的读端或写端的文件描述符(int 类型)，如果调用失败，返回－1。

例：

```
wfd = open("fifo",O_WRONLY);                    /* 以只写方式打开有名管道 fifo */
rfd = open("fifo",O_RDONLY);                    /* 以只读方式打开有名管道 fifo */
```

7. 删除有名管道

有名管道和普通文件一样，存在于磁盘中。与无名管道不同，通信的两个进程结束后，有名管道文件依然存在。但是有名管道文件存储的通信信息在通信的两个进程结束后自动丢失。需要使用系统调用 unlink()删除有名管道文件。

头文件：

```
#include <unistd.h>
```

系统调用格式：

```
int unlink(const char *pathname);
```

参数说明：pathname 指定要删除的有名管道文件名。

返回值：调用成功返回 0，否则返回－1。

3.3.4 参考程序

1. 利用系统调用 mknod()创建一个有名管道实现单向通信。

1) 发送信息：mknod-send.c

```
/* mknod - send.c */
#include <stdio.h>
#include <fcntl.h>
#include <string.h>
#include <stdlib.h>
#include <sys/select.h>
#include <sys/types.h>
#include <sys/stat.h>
int main()
{
  char inbuf[256];
  int wfd;
  mknod("fifo",010777,0);           /* 创建属性为 010777 的有名管道文件,其中 010 为有名管道
                                       文件的类型,777 为允许读写执行的属性 */
  wfd = open("fifo",O_WRONLY);      /* 以只写方式打开有名管道 fifo */
  sprintf(inbuf,"I am user1\n");
  write(wfd,inbuf,100);             /* 向有名管道写入信息 */
```

```
    printf("The user1 will exit\n");
    sleep(5);
    close(wfd);              /* 关闭有名管道 */
    unlink("fifo");          /* 删除有名管道 */
}
```

2) 接收信息：mknod-receive.c

```
/* mknod - receive.c */
#include <stdio.h>
#include <fcntl.h>
#include <string.h>
#include <stdlib.h>
#include <sys/select.h>
#include <sys/types.h>
#include <sys/stat.h>
int main()
{
    char outbuf[256];
    int rfd;
    mknod("fifo",010777,0);
    rfd = open("fifo",O_RDONLY);           /* 以只读方式打开有名管道 fifo */
    read(rfd,outbuf,100);                  /* 从有名 fifo 管道读出信息 */
    printf("%s\n",outbuf);
    close(rfd);
    unlink("fifo");
}
```

程序说明：

两个程序 mknod-send.c 和 mknod-receive.c 利用有名管道发送信息和接收信息，编译后运行时分两个终端运行。两个程序通过在当前目录下创建一个管道文件 fifo 来实现消息的单向发送和接收。

如果把两个程序中的最后一条语句 unlink("fifo")删掉，程序重新编译运行，利用 ls-l 命令查看当前目录下是否有一个管道文件 fifo。

2. 利用系统调用 mkfifo()创建两个有名管道实现双向通信。

1) fifo_head.h

```
/* fifo_head.h */
#include <fcntl.h>
#include <string.h>
#include <stdlib.h>
#include <sys/select.h>
#include <sys/types.h>
#include <sys/stat.h>
#include <errno.h>
#include <stdio.h>
#define FIFO1 "/tmp/FIFO1"          //定义有名管道 FIFO1 的路径
#define FIFO2 "/tmp/FIFO2"          //定义有名管道 FIFO2 的路径
```

2) fifo_user1.c

```
/*fifo_user1.c*/
int main()
{
  int readfd,writefd;
  int pid;
  char data[32];
  mkfifo(FIFO1,S_IWUSR|S_IRUSR|S_IRGRP|S_IROTH); /*创建有名管道 FIFO1,权限为创建者读写,
                                                   其他用户只读*/
  mkfifo(FIFO2,S_IWUSR|S_IRUSR|S_IRGRP|S_IROTH); /*创建有名管道 FIFO2,权限为创建者读写,
                                                   其他用户只读*/
  readfd = open(FIFO1,O_RDONLY);                /*以读方式打开有名管道 FIFO1*/
  writefd = open(FIFO2,O_WRONLY);               /*以写方式打开有名管道 FIFO2*/
  if(readfd<=0||writefd<=0)return 0;
  printf("This is user1!\n");
  pid=fork();
  if (pid==0)
  {
    while(1)
    {
      memset(data,0,sizeof(data));
      printf("-----------------------------\n");
      read(readfd,data,sizeof(data));
      printf("user2:%s",data);
    }
  }
  else
  {
    while(1)
    {
      printf("-----------------------------\n");
      printf("user1(我):");
      fgets(data,sizeof(data),stdin);
      write(writefd,data,strlen(data));          /*写入管道*/
    }
  }
  close(readfd);
  close(writefd);
}
```

3) fifo_user2.c

```
/*fifo_user2.c*/
#include"fifo_head.h"
int main()
{
  int readfd,writefd;
  int pid;
```

```
    char data[32];
    mkfifo(FIFO1,S_IWUSR|S_IRUSR|S_IRGRP|S_IROTH); /* 创建有名 FIFO1,权限为创建者读写,其他
                                                     用户只读 */
    mkfifo(FIFO2,S_IWUSR|S_IRUSR|S_IRGRP|S_IROTH); /* 创建有名管道 FIFO2,权限为创建者读写,
                                                     其他用户只读 */
    writefd = open(FIFO1,O_WRONLY);                /* 以写方式打开有名管道 FIFO1 */
    readfd = open(FIFO2,O_RDONLY);                 /* 以读方式打开有名管道 FIFO2 */
    if(readfd <= 0 || writefd <= 0)return 0;
    printf("This is user2!\n");
    pid = fork();
    if (pid == 0)
    {
      while(1)
      {
        memset(data,0,sizeof(data));               /* memset 函数初始化清空 data 内容 */
        printf("------------------------------\n");
        printf("user2(我):");
        fgets(data,sizeof(data),stdin);
        write(writefd,data,strlen(data));          /* 将键盘接收的数据写入有名管道 */
      }
    }
    else
    {
      while(1)
      {
        read(readfd,data,sizeof(data));
        printf("------------------------------\n");
        printf("user1: %s",data);
      }
    }
    close(readfd);
    close(writefd);
}
```

程序说明：

把两个通信程序 fifo-user1.c 和 fifo-user2.c 需要的头文件及两个有名管道 FIFO1 和 FIFO2 的路径定义都写入自定义头文件 fifo_head.h。两个程序 fifo-user1.c 和 fifo-user2.c 是对等的，编译后运行时分两个终端并发运行。两个程序程序通过在/tmp 目录下创建两个管道文件 FIFO1 和 FIFO2 来实现双向发送和接收信息。

3.4 共享内存通信

3.4.1 实验目的

1. 了解共享内存通信方式的特点。
2. 掌握共享内存通信方式的使用方法。

3.4.2 实验内容

1. 编制利用共享内存发送和接收信息的聊天程序。

2. 按后面的程序说明,编译运行下面基于共享内存发送和接收字符信息的两个程序 shm-send. c 和 shm-receive. c,分析程序运行结果,画出程序流程图。

(1) 发送程序 shm-send. c。

```
/* shm - send.c */
#include <sys/types.h>
#include <sys/ipc.h>
#include <sys/shm.h>
#include <stdio.h>
#include <stdlib.h>
#include <unistd.h>
#include <signal.h>
#define SHMKEY 60                /* 定义共享内存区的关键字值为 60 */
#define SHMSZ 128                /* 定义共享内存区为: 128B */
main( )
{
  char c;
  char * shm, * s;
  int shmid;
  /* 创建共享内存区,如果没有创建成功,程序结束 */
  if((shmid = shmget(SHMKEY,SHMSZ,IPC_CREAT|0777))< 0)
  exit(0);
  /* 获得共享内存区首地址,如果没有连接成功,程序结束 */
  if ((shm = shmat(shmid,NULL,0)) == NULL)
    exit(0);
  s = shm;
  /* 向共享内存区写入要发送给其他进程的字符信息: abcd…xyz */
  for(c = 'a';c <= 'z';c++)
  {
    * s++ = c;
    sleep(1);
  }
  * s = '#';                     /* 写入"#"表示信息已全部写入共享内存区,发送结束 */
  system("ipcs - m");            / * 查询系统中共享内存区的使用情况 */
  /* 等待接收进程改变共享内存区的内容 */
  while( * shm != '*')
    sleep(1);
  shmctl(shmid,IPC_RMID,0);     /* 撤销共享内存区,归还资源 */
  exit(0);
}
```

(2) 接收程序 shm-receive. c。

```
/* shm - receive.c */
#include <sys/types.h>
```

```
#include <sys/ipc.h>
#include <sys/shm.h>
#include <stdio.h>
#include <stdlib.h>
#include <unistd.h>
#define  SHMKEY 60             /* 定义共享内存区的关键字值为 60 */
#define SHMSZ 128              /* 定义共享内存区为 128B */
main( )
{
  char c;
  char * shm, * s;
  int shmid;
  /* 创建共享内存区,如果没有创建成功,程序结束 */
  if ((shmid = shmget(SHMKEY,SHMSZ,IPC_CREAT|0777))< 0)
    exit(0);
  shm = shmat(shmid,NULL,0);
  /* 从共享内存区读出发送进程写入的字符信息: abcd…xyz,并在屏幕上显示 */
  for(s = shm; * s! = '#';s++)
  {
    putchar( * s);
    putchar('\n');
    sleep(1);
  }
  * shm = '*';                 /* 写入"*"表示信息已接收完 */
  system("ipcs -m");          /* 查询系统中共享内存区的使用情况 */
  shmctl(shmid,IPC_RMID,0);
  exit(0);
}
```

程序说明:

- 两个程序 shm-send. c 和 shm-receive. c 基于共享内存区发送和接收字符信息 abcd…xyz。
- 先让编译后的发送程序 shm-send 后台运行,再运行接收程序 shm-receive。或者让两个程序分别在两个终端运行。

3.4.3 实验指导

1. 共享内存区机制

共享内存区为进程提供了直接通过内存进行通信的有效手段,是进程通信中最快捷的方法。共享内存区是被多个进程共享的一部分物理内存,多个进程把该共享内存区域映射到自己的虚拟地址空间,可以直接访问该共享内存区域,从而实现多个进程通过共享内存区进行通信。

共享内存区可以通过 mmap()映射普通文件机制实现,也可以通过 System V 共享内存区机制实现。本书主要介绍 System V 共享内存区机制 System V 通过映射特殊文件系统 shm 中的文件实现进程间的共享内存通信,即每个共享内存区域对应特殊文件系统 shm 中的一个文件。

共享内存区通信机制: 通信之前,进程向操作系统申请共享内存区中一个指定关键字的分区段；如果系统已为其他进程分配了这个分区，则返回由系统给该分区段指定的关键字给申请者；然后，进程可以把该分区段连接到本进程的虚地址空间；最后，进程就可以像访问通常存储器一样共享该内存区段，通过对该区段的读、写来直接进行通信。

2. 共享内存区重要数据结构和头文件

System V 共享内存把所有共享数据放在 IPC 共享内存区域，需要访问该共享区域的进程都要在本进程的地址空间新增一块内存区域，用来把该共享区域映射到本进程的地址空间。在 Linux 中，每一个共享内存区都有一个控制结构 struct shmid_kernel。shmid_kernel 是共享内存区域中非常重要的一个数据结构，它是连接存储管理和文件系统桥梁，数据结构 shmid_kernel 定义如下：

```
struct shmid_kernel
{
    struct shmid_ds u;
    unsigned long shm_npages;
    unsigned long * shm_pages;
    struct vm_area_struct * attaches;
};
```

其中：

(1) shmid_ds 是一个数据结构，用于描述一个共享内存区的认证信息，包括字节大小、最后一次粘附时间、分离时间、改变时间、创建该共享区域的进程、最后一次对它操作的进程以及当前有多少个进程在使用它等信息。shmid_ds 定义如下：

```
struct shmid_ds
{
  struct ipc_perm shm_perm;              /* operation perms */
  int shm_segsz;                         /* size of segment (bytes) */
  __kernel_time_t shm_atime;             /* last attach time */
  __kernel_time_t shm_dtime;             /* last detach time */
  __kernel_time_t shm_ctime;             /* last change time */
  __kernel_ipc_pid_t shm_cpid;           /* pid of creator */
  __kernel_ipc_pid_t shm_lpid;           /* pid of last operator */
  unsigned short shm_nattch;             /* no. of current attaches */
  unsigned short shm_unused;             /* compatibility */
  void * shm_unused2;                    /* ditto - used by DIPC */
  void * shm_unused3;                    /* unused */
    };
```

(2) shm_npages 是该共享内存区域的大小，以页为单位。

(3) shm_pages 是该共享内存对象的页表，每个共享内存区一个，用于描述如何把该共享内存区域映射到进程的地址空间的信息。

(4) attaches 描述被共享的物理内存对象所映射的各进程的虚拟内存区域。每一个希望共享这块内存的进程都必须通过系统调用将其粘附到它的虚拟内存中，这一过程将为该进程创建了一个新的描述这块共享内存的 vm_area_struct 数据结构。vm_area_struct 数据结构中专门提供了两个指针：vm_next_shared 和 vm_prev_shared，用于连接该共享区域在使用它的各进程中所对应的 vm_area_struct 数据结构。

System V IPC 机制下创建和使用共享内存进行通信需要有 4 个系统调用来完成，分别是：shmget()、shmat()、shmdt()以及 shmctl()。它们都需要使用如下 3 个头文件：

```
#include<sys/types.h>
#include<sys/ipc.h>
#include<sys/shm.h>
```

3. 申请一个共享内存区：shmget()

共享创建一个新的共享内存区或获得一个已经存在的共享内存区的标识符。

系统调用格式：

```
shmid = shmget(key,size,shmflag);
```

参数定义：

```
int shmget(key,size,shmflag);
key_t key;
int size,shmflag;
```

参数说明：key 表示共享内存区的键值；size 是创建的新共享内存区的字节数；shmflag 是用户设置的标志(表示对该共享内存区的特殊要求)，如 IPC_CREAT。

shmflag 由控制命令或操作允许权组成。控制命令为：

IPC_CREAT 和 IPC_EXCL

- IPC_CREAT 表示若系统中尚无指定关键字的共享内存区，则由核心建立一个共享内存区；若系统中已有共享内存段，便忽略 IPC_CREAT。
- IPC_EXCL 与 IPC_CREAT 一起使用，确保创建一个新的共享内存区。如果指定关键字的共享内存区已经存在，则给出错提示。

操作允许权定义如下 3 类用户的访问方式。

- 用户可读，对应的八进制数为：00400。
- 用户可写，对应的八进制数为：00200。
- 小组可读，对应的八进制数为：00040。
- 小组可写，对应的八进制数为：00020。
- 其他可读，对应的八进制数为：00004。
- 其他可写，对应的八进制数为：00002。

例：

```
shmid = shmget(key,size,(IPC_CREAT|0400)); /* 创建关键字为 key,长度为 size 的共享内存段 */
```

系统调用 shmget()完成的主要工作如下：

共享内存通过 shmge()获得或创建一个 IPC 共享内存区域，并返回相应的标识符。内核保证 shmget()获得或创建一个共享内存区，初始化该共享内存区相应的 shmid_kernel 结构，还将在特殊的文件系统 shm 中，创建并打开一个同名文件，并在内存中建立起该文件的相应目录项及索引节点结构，新打开的文件是一个共享文件(所有进程都能访问该共享内存区)。

4. 将共享内存区附加到申请通信的进程空间：shmat()

在创建或获取一个共享内存区的引用标识符后，还必须将该共享内存区域映射到进程的虚拟地址空间，然后才能对该共享内存区域进行读写操作。从逻辑上将一个共享内存区附接到进程的虚拟地址空间上采用系统调用 shmat()。

系统调用格式：

```
addr = shmat(shmid,shmaddr,shmflag);
```

参数定义：

```
void * shmat(int shmid,const void * shmaddr,shmflag);
int shmid,shmflag;
char * addr;
```

参数说明：

(1) shmid 是 shmget()返回的共享内存区的引用标识符。

(2) shmaddr 是用来指定该共享内存区在进程的虚拟地址空间对应的虚拟地址；shmaddr 的取值含义如下。

- shmaddr 为 0，则将该共享内存区附加到系统选择的进程的第一个可用地址之后。通常 shmadd 指定为 0，由系统安排连接地址。
- shmaddr 为非 0，如果 shmflg 指定了 SHM-RND 标志，则将该共享内存区附加到 shmaddr 取整后指定的地址上。
- shmaddr 为非 0，如果 shmflg 未指定 SHM-RND 标志，则将该共享内存区附加到 shmaddr 指定的地址上。

(3) shmflg 是映射标志，规定对该共享内存区的访问方式；其值为 0 时，表示可读、可写；其值为 SHM_RDONLY 时，表示只能读，其值为 SHM_RND(取整)时，表示操作系统在必要时舍去这个地址。

(4) addr 是用户给定的，用于记录成功将共享内存区附加到进程的虚地址空间后的虚地址。

返回值：调用成功返回共享内存区所附接到的进程虚地址，失败则返回－1。

5. 解除进程与共享内存区的链接：shmdt()

把一个共享内存区从指定进程的虚地址空间断开。

系统调用格式：

```
shmdt(char * addr);
```

参数定义：

```
int shmdt(addr);
char * addr;
```

参数说明：addr 是要断开连接的虚地址，即系统调用 shmat()所返回的虚地址。

返回值：调用成功返回 0 值，调用不成功返回－1。

6. 控制共享内存区：shmctl()

共享内存区的控制，对其状态信息进行读取和修改。

系统调用格式：

```
shmctl(shmid,cmd,buf);
```

参数定义：

```
int shmctl(int shmid,int cmd,struct shmid_ds * buf);
int shmid,cmd;
struct shmid_ds * buf;
```

参数说明：shmid 是 shmget()返回的共享内存区的引用标识符；buf 是用户缓冲区地址；cmd 是操作命令，shmctl()根据控制命令 cmd 对共享内存区进行控制。cmd 的取值含义如下。

- IPC_STAT：查询共享内存区的状态信息，返回包含在指定的 shmid 相关数据结构中的状态信息，并且把它放置在用户存储区中的 buf 指针所指的数据结构中。
- IPC_SET：设置或改变共享内存区的属性。
- IPC_RMID：用于删除共享内存区。在共享内存区与所有进程分离时，实际进行删除。
- IPC_LOCK：在内存中锁定指定的共享存储区，必须是超级用户才可以进行此项操作。
- IPC_UNLOCK：把内存中指定的共享存储区解锁，必须是超级用户才可以进行此项操作。

返回值：调用成功返回 0 值，否则返回−1。

3.4.4 参考程序

```
/* shmchat.c */
#include <sys/types.h>
#include <sys/shm.h>
#include <sys/ipc.h>
#include <stdlib.h>
#include <stdio.h>
#include <string.h>
#define  SHMKEY  75
int  shmid,i;
struct  msgform
  { int  mtype;
    char mtext[1024];
} *addr;
cleanup()
{
  shmctl(shmid,IPC_RMID,0);                    /* 撤销共享内存区,归还资源 */
  exit(0);
}
void client ()
{
```

```
    int j;
    for(j = 0;j < 20;j++)                  /* 预置类型为 0~19 的软中断信号处理方式 */
    signal(j,cleanup);
    shmid = shmget(SHMKEY,1024,0777);      /* 创建共享内存区 */
    addr = shmat(shmid,0,0);               /* 获取共享内存区首地址 */
    do                                     /* 当接收到"bye"时,结束通信 */
    {
      while ((*addr).mtype! = -1);         /* 等待 shmreceive 端从共享内存区读取信息 */
      printf(" (client) input the message send to server:\n");
      scanf("%s",(*addr).mtext);           /* 从键盘获取信息并写入共享内存区 */
      (*addr).mtype = 1;
      printf("client sent: %d, %s\n",(*addr).mtype,(*addr).mtext);
     }while(strcmp((*addr).mtext,"bye"));
    if(shmdt(addr) == -1)                  /* 断开与共享内存区的链接 */
    perror("detach error\n");
    exit(0);
  }
  void server()
  {
    int j;
    for(j = 0;j < 20;j++)                  /* 预置类型为 0~19 的软中断信号处理方式 */
    signal(j,cleanup);
    shmid = shmget(SHMKEY,1024,0777|IPC_CREAT);    /* 创建共享内存区 */
    addr = shmat(shmid,0,0);               /* 获取共享内存区首地址 */
    do                                     /* 当接收到"bye"时,结束通信 */
    {
      /* 将共享内存区数据结构成员 mtype 置为 -1,作为数据空的标志 */
      (*addr).mtype = -1;
      while ((*addr).mtype == -1);         /* 如果共享内存区为空,循环等待 */
      /* 从共享内存区读取信息 */
      printf("server received: %d, %s\n",(*addr).mtype,(*addr).mtext);
    }while(strcmp((*addr).mtext,"bye"));
    if(shmdt(addr) == -1)                  /* 断开与共享内存区的链接 */
      perror("detach error\n");
    exit(0);
  }
  main( )
  {
    while ((i = fork( )) == -1);
    if (!i) server();                      /* 子进程 1 调用 server() */
    system("ipcs -m");                     /* 显示共享内存区信息 */
    while ((i = fork()) == -1);
    if (!i) client ();                     /* 子进程 2 调用 client() */
    wait(0);
    wait(0);
  }
```

程序说明：

(1) 为了便于调试程序和观察结果，在主程序中创建两个子进程，让两个子进程分别调用 server()和 client()，实现 server()和 client()的并发执行及相互通信。上述程序也可以改为两个程序，如 server.c 和 client.c，两个程序编译后分别在两个终端运行。要求先运行 server()，再运行 client()。

(2) server 端建立一个 key 为 75 的共享内存区，并将共享内存区数据结构成员 mtype 置为－1，作为共享内存区数据空的标志，等待其他进程发来的消息。当信息收到完毕后，再次设置共享内存区数据空的标志。如果接收到"bye"，则视为结束信号，断开与共享内存区的链接，删除共享内存区，退出。

(3) client 端建立一个 key 为 75 的共享区，当检测到共享内存区为空时，从键盘获取信息并写入共享内存区；等待共享内存区的再次空闲。如果接收到"bye"，则视为结束信号，断开与共享内存区的链接，删除共享内存区，退出。

(4) 父进程中调用 system("ipcs -m")显示共享内存区信息，等待 server 和 client 均退出后结束。

(5) 程序中还预置类型 0～19 共 20 种不同类型的软中断信号，确保当程序不论因何种原因被终止，都会调用 cleanup()，运行 shmctl(shmid,IPC_RMID,0)，撤销共享内存区，归还资源。

3.5 消息队列通信

3.5.1 实验目的

1. 理解消息及消息队列的概念。
2. 掌握消息队列通信机制。
3. 掌握消息队列通信程序的设计方法。

3.5.2 实验内容

1. 编写程序利用消息队列通信机制实现聊天程序。

2. 运行以下程序(先编译运行 msg-server1.c，再编译运行 msg-client1.c)，分析程序的运行结果。

(1) msg-client1.c。

```
#include <sys/types.h>
#include <sys/ipc.h>
#include <sys/msg.h>
#include <stdio.h>
#include <stdlib.h>
#define MSGKEY 75
struct msgform
{
  long mtype;                                  /*消息类型*/
```

```
  char mtext[256];                             /* 消息正文 */
};
int msgid;
cleanup()
{
  msgctl(msgid,IPC_RMID,0);                    /* 删除消息队列 */
  exit(0);
}
main()
{
  struct msgform msg;
  int i,msgid,pid, * pint;
  for(i = 0;i < 20;i++)                        /* 预置类型为 0~19 的软中断信号处理方式 */
  signal(i,cleanup);
  msgid = msgget(MSGKEY, 0777|IPC_CREAT);      /* 创建消息队列,操作权为可读、写、执行 */
  pid = getpid( );
  pint = (int * )msg.mtext;                    /* 获取消息正文的首地址 */
  * pint = pid;                                /* 将客户进程的 ID 复制到消息缓冲区 */
  msg.mtype = 1;
  msgsnd(msgid,&msg,sizeof(int),0);            /* 发送消息 */
  msgrcv(msgid,&msg,256,pid,0);                /* 接收类型为 pid 值的消息 */
  printf("client %d:receive from pid %d\n", getpid( ), * pint);
  exit(0);
}
```

（2）msg-server1.c。

```
#include <sys/types.h>
#include <sys/ipc.h>
#include <sys/msg.h>
#include <stdio.h>
#include <stdlib.h>
#define MSGKEY 75
struct msgform
{
  long mtype;
  char mtext[256];
}msg;
int msgid;
cleanup()
{
  msgctl(msgid,IPC_RMID,0);
  exit(0);
}
main()
{
  int i,pid, * pint;
  for(i = 0;i < 20;i++)
  signal(i,cleanup);
```

```
    msgid = msgget(MSGKEY,0777|IPC_CREAT);
    for(;;)
    {
      msgrcv(msgid,&msg,256,1,0);              /* 接收消息 */
      pint = (int *)msg.mtext;
      pid = *pint;                             /* 获得 client 进程的 ID */
      printf("server %d:receive from pid %d\n", getpid( ),pid);
      msg.mtype = pid;
      *pint = getpid();                        /* 将 server 进程的 ID 复制到消息缓冲区 */
      msgsnd(msgid,&msg,sizeof(int),0);        /* 发送消息 */
    }
}
```

3.5.3 实验指导

1. 消息队列通信机制

消息队列是 Linux 系统进程之间进行大量数据交换的机制之一。消息队列(又称报文队列)能够克服早期 UNIX 通信机制的一些缺点。例如,信号通信机制能够传送的信息量有限,后来虽然在信号的实时性方面做了拓广,使得信号在传递信息量方面有了相当程度的改进,但是信号这种通信方式更像"即时"的通信方式,它要求接受信号的进程在某个时间范围内对信号做出反应,因此该信号最多在接受信号进程的生命周期内才有意义;管道只能传送无格式的字节流无疑会给应用程序开发带来不便,另外,它的缓冲区大小也受到限制。共享内存机制没有提供对共享内存区的互斥访问方式。

消息队列是一个消息的链表。可以把消息看作一个记录,具有特定的格式以及特定的优先级。对消息队列有写权限的进程可以向消息队列中按照一定的规则添加新消息;对消息队列有读权限的进程则可以从消息队列中读取消息。

目前主要有两种类型的消息队列:POSIX 消息队列以及 System V 消息队列,System V 消息队列目前被大量使用。本书主要介绍 System V 消息队列通信机制。

System V 消息队列机制概括如下:

(1) System V 消息队列是随内核持续的,只有在内核重启或者删除一个消息队列时,该消息队列才会真正被删除。

(2) 消息队列就是一个消息的链表。每个消息队列都有一个队列头,用结构 struct msg_queue 来描述。队列头中包含了该消息队列的大量信息,包括消息队列键值、用户 ID、组 ID、消息队列中消息数目等,甚至记录了最近对消息队列读写的进程 ID。用户可以访问这些信息,也可以设置其中的某些信息。

2. 消息队列机制中重要的数据结构

系统内核设置了多个数据结构用于存放消息和记录消息队列,系统中的所有消息队列都可以在结构 msgid_ds 中找到访问入口。

1) 消息缓冲区

消息缓冲区用于存放消息,包括消息类型和消息正文,其数据结构定义如下:

```
Struct msgform
{
```

```
    long  mtype;                    /* 消息类型 */
    char  mtext[ ];                 /* 消息的文本 */
  };
```


2）消息头结构

系统内核定义消息头结构描述和管理每个消息缓冲区，其数据结构定义如下：

```
struct msg
  {
    struct msg *msgnext              /* 指向消息队列中下一个消息的指针 */
    long msgtype;                    /* 消息类型 */
    short msgts;                     /* 消息正文的长度 */
    short msgspot;                   /* 消息正文的地址 */
  };
```

3）消息队列头结构

为了描述和管理由消息构成的消息队列，设置消息队列头结构，描述队列的详细信息。其数据结构如下：

```
struct msqid_ds
{
  struct ipc_perm msg_perm;          /* 消息队列访问控制结构 */
  struct msg *msg_first;             /* 指向消息队列的第一个消息 */
  struct msg *msg_last;              /* 指向消息队列的最后一个消息 */
  __kernel_time_t msg_stime;         /* 最后一次发送消息的时间 */
  __kernel_time_t msg_rtime;         /* 最后一次接收消息的时间   */
  __kernel_time_t msg_ctime;         /* 最后修改时间   */
  unsigned short msg_cbytes;         /* 队列中当前消息正文的总字节数 */
  unsigned short msg_qnum;           /* 队列中消息个数 */
  unsigned short msg_qbytes;         /* 队列允许容纳的最大字节数 */
  __kernel_ipc_pid_t msg_lspid;      /* 最后一次发送消息的进程 ID */
  __kernel_ipc_pid_t msg_lrpid;      /* 最后一次接收消息的进程 ID */
};
```

其中，struct kern_ipc_perm 为消息队列的拥有者和访问方式，数据结构定义如下：

```
struct kern_ipc_perm
{
  key_t key;                         /* 该键值则唯一对应一个消息队列 */
  uid_t uid;                         /* 当前用户 ID */
  gid_t gid;                         /* 当前用户组 ID */
  uid_t cuid;                        /* 队列创建用户 ID */
  gid_t cgid;                        /* 队列创建用户组 ID */
  mode_t mode;                       /* 队列的访问权限 */
  unsigned long seq;                 /* 访问队列的用户数 */
};
```

Linux 系统为用户进程提供了用于建立消息队列、向消息队列发送或接收消息以及管理消息队列的系统调用，包括 msgget()、msgsnd()、msgrcv()以及 msgctl()。这 4 个系统调用都需要如下 3 个头文件：

```
#include<sys/types.h>
#include<sys/ipc.h>
#include<sys/msg.h>
```

3. 创建消息队列：msgget()

创建一个消息队列，获得一个与键值 key 相对应的消息队列描述符。核心将搜索消息队列头表，确定是否有指定名字的消息队列。若无，核心将分配一个新的消息队列头，并对它进行初始化，然后给用户返回一个消息队列描述符，否则它只是检查消息队列的许可权便返回。

系统调用格式：

```
msgqid = msgget(key,flag);
```

参数定义：

```
int msgget(key,flag);
key_t key;
int flag;
```

参数说明：msgqid 是该系统调用返回的消息队列描述字；key 是用户指定的消息队列的键值；flag 是用户设置的标志和访问方式。参数 flag 可以为 IPC_CREAT、IPC_EXCL 或 IPC_NOWAIT，通常取值 IPC_CREAT。

例：

```
IPC_CREAT |0400 /* 检查是否该消息队列已被创建,无则创建,是则打开 */
```

返回值：成功返回消息队列描述字，否则返回−1。

4. 发送消息：msgsnd()

发送一个消息。向指定的 msgqid 代表的消息队列发送一个消息，并将该消息链接到该消息队列的尾部，即将发送的消息存储在 msgp 指向的 msgbuf 结构中。

系统调用格式：

```
msgsnd(msgqid,msgp,size,flag);
```

参数定义：

```
int msgsnd(msgqid,msgp,size,flag);
int msgqid,size,flag;
struct msgbuf *msgp;
```

参数说明：msgqid 是消息队列描述字；msgp 是指向用户消息缓冲区的一个结构体指针。

flag 规定当核心用尽内部缓冲空间时应执行的动作：进程是等待，还是立即返回。若在标志 flag 中未设置 IPC_NOWAIT 位，则当该消息队列中的字节数超过最大值时，或系统范围的消息数超过某一最大值时，调用 msgsnd 进程睡眠。若是设置 IPC_NOWAIT，则在此情况下，msgsnd 立即返回。造成 msgsnd()等待的条件有两种：

- 当前消息的大小与当前消息队列中的字节数之和超过了消息队列的总容量。

- 当前消息队列的消息数(单位“个”)不小于消息队列的总容量(单位“字节数”),此时,虽然消息队列中的消息数目很多,但基本上都只有一个字节。

msgsnd()解除阻塞的条件有 3 个。

- 不满足上述两个条件,即消息队列中有容纳该消息的空间。
- msgqid 代表的消息队列被删除。
- 调用 msgsnd()的进程被信号中断。

对于 msgsnd(),核心须完成以下工作:

- 对消息队列的描述符和许可权及消息长度等进行检查。若合法才继续执行,否则返回。
- 核心为消息分配消息数据区。将用户消息缓冲区中的消息正文,复制到消息数据区。
- 分配消息首部,并将它链入消息队列的末尾。在消息首部中须填写消息类型、消息大小和指向消息数据区的指针等数据。
- 修改消息队列头中的数据,如队列中的消息数、字节总数等。最后,唤醒等待消息的进程。

5. 接收消息:msgrcv()

接收一个消息。从指定的消息队列中读取一个消息,并把消息存储在 msgp 指向的 msgbuf 结构中。

系统调用格式:

```
msgrcv(msgqid,msgp,size,type,flag);
```

参数定义:

```
int msgrcv(msgqid,msgp,size,type,flag);
int msgqid,size,flag;
struct msgbuf *msgp;
long type;
```

参数说明:msgqid、msgp、size、flag 与 msgsnd 中的对应参数相似,type 是规定要读的消息类型。参数 flag 可以为以下几个值。

- IPC_NOWAIT:如果没有满足条件的消息,调用立即返回,此时,errno=ENOMSG。
- IPC_EXCEPT:与 type>0 配合使用,返回队列中第一个类型不为 type 的消息。
- IPC_NOERROR:如果队列中满足条件的消息内容大于所请求的 size 字节,则把该消息截断,截断部分将丢失。

返回值:调用成功返回读出消息的实际字节数,否则返回-1。

对于 msgrcv()系统调用,核心须完成下述工作:

(1) 对消息队列的描述符和许可权等进行检查。若合法,就继续执行;否则返回;

(2) 根据 type 的不同分成如下 3 种情况进行处理。

- type=0:接收该队列的第一个消息,并将它返回给调用者。
- type>0:接收类型为 type 的第一个消息。
- type<0:接收小于等于 type 绝对值的最低类型的第一个消息。

(3) 当所返回消息大小等于或小于用户的请求时，核心便将消息正文复制到用户区，并从消息队列中删除此消息，然后唤醒睡眠的发送进程。但当消息长度比用户要求的大时，则出错返回。

msgrcv()解除阻塞的条件有3个：

- 消息队列中有了满足条件的消息。
- msqid代表的消息队列被删除。
- 调用msgrcv()的进程被信号中断。

6. 管理消息队列：msgctl()

msgctl()用于读取消息队列的状态信息并进行修改，如查询消息队列描述符、修改它的许可权及删除该队列等。

系统调用格式：

```
msgctl(msgqid,cmd,buf);
```

参数定义：

```
int msgctl(msgqid,cmd,buf);
int msgqid,cmd;
struct msgqid_ds *buf;
```

参数说明：msgqid是消息队列描述字；buf是用户缓冲区地址，供用户存放控制参数和查询结果；cmd是规定的命令。命令可分为如下3类。

- IPC_RMID：删除消息队列。
- IPC_STAT：获取消息队列信息，返回的信息存储在buf指向的msqid_ds结构中；如查询消息队列中的消息数目、队列中的最大字节数、最后一个发送消息的进程标识符、发送时间等。
- IPC_SET：用来设置消息队列的属性，按buf指向的结构中的值，设置和改变有关消息队列的属性。如改变消息队列的用户标识符、消息队列的许可权等。

返回值：调用成功时返回0，不成功则返回－1。

对消息队列的操作概括为如下3种类型。

- 打开或创建消息队列：消息队列的内核持续性要求每个消息队列都在系统范围内对应唯一的键值，所以，要获得一个消息队列的描述字，只需提供该消息队列的键值即可。

注意：消息队列描述字是由在系统范围内唯一的键值生成的，而键值可以看做对应系统内的一条路径。

- 读写操作：对于发送消息来说，首先预置一个msgbuf缓冲区并写入消息类型和内容，调用相应的发送函数；对读取消息来说，首先分配这样一个msgbuf缓冲区，然后把消息读入该缓冲区。
- 获得或设置消息队列属性：消息队列的信息基本上都保存在消息队列头中(struct msqid_ds)。

3.5.4 参考程序

(1) 将通信程序公用的头文件和变量定义写到msg_head.h文件中。

```
/* msg_head.h */
#include <sys/types.h>
#include <sys/msg.h>
#include <sys/ipc.h>
#include <stdio.h>
#include <stdlib.h>
#include <signal.h>
#define MSGKEY1 76
struct  msgform
{
  int mtype;
  char mtext[1000];
};
struct msgform msg1;
int  msgqid1;
```

(2) 通信程序 msg-user1.c。

```
/* msg-user1.c */
#include "msg_head.h"
cleanup( )
{
  msgctl(msgqid1,IPC_RMID,0);
  exit(0);
}
void main( )
{
  int j; int pid;
  for(j=0;j<20;j++)
  signal(j,cleanup);
  msgqid1=msgget(MSGKEY1,0777|IPC_CREAT);          /* 创建76#消息队列 */
  printf("This is user1!\n");
  pid=fork();
  if (pid==0)
  {
    while(1)
    {
      printf("-----------------------------\n");
      printf("(user1(我)):") ;
      scanf("%s",msg1.mtext);
      msg1.mtype=2;
      msgsnd(msgqid1,&msg1,1024,0);               /* 发送消息 */
    }
  }
  else
  {
    while(1)
    {
      printf("-----------------------------\n");
```

```
      msgrcv(msgqid1,&msg1,1024,1,0);                    /* 接收消息 */
      printf("(user2): %s\n",msg1.mtext);
      sleep(1);
    }
  }
  exit(0);
}
```

(3) 通信程序 msg-user2.c。

```
/* msg-user2.c */
#include "msg_head.h"
cleanup( )
{
  msgctl(msgqid1,IPC_RMID,0);
  exit(0);
}
void main( )
{
  int j; int pid;
  for(j=0;j<20;j++)
  signal(j,cleanup);
  msgqid1=msgget(MSGKEY1,0777|IPC_CREAT);             /* 创建 76# 消息队列 */
  printf("This is user2!\n");
  pid=fork();
  if (pid==0)
  {
    while(1)
    {
      printf("-----------------------------\n");
      printf("(user2(我)):") ;
      scanf("%s",msg1.mtext);
      msg1.mtype=1;
      msgsnd(msgqid1,&msg1,1024,0);                   /* 发送消息 */
      sleep(1);
    }
  }
  else
  {
    while(1)
    {
      printf("-----------------------------\n");
      msgrcv(msgqid1,&msg1,1024,2,0);                 /* 接收消息 */
      printf("(user1): %s\n",msg1.mtext);
    }
  }
  exit(0);
}
```

程序说明：

把两个通信程序需要的头文件及消息结构体的定义写入自定义头文件 msg_head.h，两个程序 msg-user1.c 和 msg-user2.c 是对等的，分别编译。运行时分两个终端运行。程序创建的关键字值为 76 的消息队列，通过向该消息队列发送和接收不同类型的消息实现双向发送和接收信息。msg-user1 可以向消息队列连续发送类型为 2 的消息，并从消息队列接收类型为 1 的消息。msg-user2 可以向消息队列连续发送类型为 1 的消息，并从消息队列接收类型为 2 的消息。

3.6 信号量机制

3.6.1 实验目的

了解和熟悉基于信号量机制实现 P、V 原语的相关操作。

3.6.2 实验内容

利用信号量机制和共享内存区实现生产者和消费者模型。

3.6.3 实验指导

1. 信号量机制介绍

信号量机制是 Linux 的 IPC 机制的一种，它同消息队列和共享内存区的区别在于：它不是主要用于通信的双方进程之间进行数据通信的，而是用于通信双方之间的同步或互斥控制。在操作系统原理书中讲述的使用 P、V 原语实现进程同步与互斥机制，在本实验中可用基于信号量机制实现 P、V 原语。Linux 提供了信号量结构体的定义，创建信号量以及对信号量进行操作的系统调用。

2. 信号量结构体定义

1）信号量集合

信号量集合用 semid_ds 数据结构表示，semid_ds 结构定义如下：

```
struct semid_ds
{
  struct ipc_perm sem_perm;                /* 信号量集的操作许可权限 */
  long sem_otime;                          /* 最后一次对信号量操作的时间 */
  long sem_ctime;                          /* 最后一次修改该结构的时间 */
  struct sem * sem_base;                   /* 信号量数组中指向第一个信号量的指针 */
  struct sem_queue * sem_pending;          /* 待处理的挂起操作 */
  struct sem_queue ** sem_pending_last;    /* 最后一个挂起操作 */
  struct sem_undo * undo;                  /* 在信号量数组上的 undo 请求 */
  ushort sem_nsems;                        /* 在信号量数组上的信号量号 */
};
```

2）信号量队列

在信号量集合 semid_ds 中的系统信号量集队列 sem_queue 的结构定义如下：

```
sturct sem_queue
```

```
{
  struct sem_queue * next;                  /* 队列中下一个节点 */
  struct sem_queue ** prev;                 /* 队列中前一个节点 */
  struct sem_queue * sleeper;               /* 正在睡眠的进程 */
  struct sem_undo * undo;                   /* undo 结构 */
  int pid;                                  /* 请求进程 ID 号 */
  int status;                               /* 操作的完成状态 */
  struct semid_ds * sma;                    /* 有操作的信号量集合数组 */
  struct sembuf * sop;                      /* 挂起操作的数组 */
  int nsops;                                /* 操作的个数 */
};
```

3）信号量

semid_ds 结构有一个 sem_nsems 域，该域由 sem_base 指向的 sem 数据结构来描述，给出了一个信号量数组，其定义如下：

```
struct sem
{
  ushort semval ;                           /* 信号量的值 */
  pid_t sempid ;                            /* 最后一个操作信号量的进程 ID 号 */
  ushort semncnt ;                          /* 等待着信号量值增加的进程个数 */
  ushort semzcnt ;                          /* 等待着信号量值为零的进程个数 */
} ;
```

3. 创建信号量：semget()

semget()系统调用用于创建或访问一个已经存在的信号量。

头文件：

```
#include <sys/types.h>
#include <sys/ipc.h>
#include <sys/sem.h>
```

系统调用格式：

```
semid = semget(key, nsems, flag);
```

参数定义：

```
int semget(key_t key, int nsems, int flag);
key_t key;
int nsems, flag;
```

参数说明：key 是一个整数值，是用户指定的信号量的关键字值；flag 是一组标志，低端的 9 位是该信号量的权限，其作用相当于文件的访问权限，可以与键值 IPC_CREAT 做按位的 OR 操作以创建一个新的信号量。nsems 是要创建的信号量集合中的信号量个数。nsems 的取值有如下含义。

- nsems>0：创建一个新的信号量集，指定集合中信号量的个数，一旦创建就不能更改。
- nsems==0：访问一个已存在的信号量集合。

返回值：调用成功后产生一个内核维持的类型为 semid_ds 结构体的信号量集，返回的

semid 是指向该信号量集标识符的整数；调用失败返回－1。

例如，创建一个关键字值为 567，含有两个元素的信号量为：

```
int semid = semget(567,2,0777|IPC_CREAT);
```

4. 信号量操作：semop()

semop()系统调用用于设置信号量的值。

头文件：

```
#include <sys/types.h>
#include <sys/ipc.h>
#include <sys/sem.h>
```

系统调用格式：

```
int semop(int semid, struct sembuf * sops, size_t nsops) ;
```

参数说明：semid 是信号量的标识符；sops 是指向类型为 sembuf 的一个；nsops 是 sops 指向数组的大小。

返回值：调用成功返回 0；否则返回－1。

sembuf 是主存中的一个数据结构，其定义如下：

```
struct sembuf
{
  ushort sem_num ;          /* 要操作的信号量在信号量数组的编号 */
  short sem_op ;            /* 信号量操作值(正数、负数或 0) */
  short sem_flg ;           /* 操作标志: IPC_NOWAIT, SEM_UNDO */
} ;
```

其中，sem_num 是信号量的编号，如果不需要使用一组信号量，该值取为 0。sem_flag 通常被设置为 SEM_UNDO，将使操作系统跟踪当前进程对该信号量的修改情况。sem_op 是信号量一次 PV 操作时加减的数值，取值可以是正数、负数或 0。

- 若 sem_op>0：把 sem_op 值加到信号量值上。相当于 V 操作，释放 sem_op 个共享资源。
- 若 sem_op<0：则从信号量值中减去 sem_op 的绝对值，相当于 P 操作，申请 sem_op 个共享资源。
- 若 sem_op=0：表示调用者希望等待信号量值变为 0，如果信号量值是 0 就返回，用于对共享资源是否已用完的测试。

5. 信号量控制：semctl()

semctl()系统调用用于完成对信号量的删除、设置初始值或读取信号量的值等操作。具体的操作是由 cmd 参数决定的。

头文件：

```
#include <sys/types.h>
#include <sys/ipc.h>
#include <sys/sem.h>
```

系统调用格式：

```
int semctl(int semid, int semnum, int cmd, union semun arg) ;
```

参数说明：semid 是信号量的标识符；semnum 是要操作的信号量的编号，如果在工作中需要使用到成组的信号量，就要用到这个编号；它一般取值为 0，表示信号量集合中的第一个信号量；cmd 是将要采取的操作动作；arg 用于设置或返回信号量信息，类型为 semun。

为了设置、获得信号量集合的各种信息及属性，在用户空间有一个重要的联合结构与之对应，即 union semun。其结构定义如下：

```
union semun
{
  int val;                                  /* SETVAL 的值 */
  struct semid_ds *buf                      /* IPC_SET 和 IPC_STAT 的缓冲 */
  ushort *array;                            /* SETALL 和 GETALL 数组 */
  struct seminfo *_ _buf;                   /* IPC_INFO 的缓冲 */
};
```

命令参数 cmd 指定具体的操作类型如下：

- IPC_STAT——获取信号量的配置信息，信息由 arg. buf 返回。
- IPC_ SET——设置信号量信息，待设置信息保存在 arg. buf 中。
- IPC_RMID——从主存中删除一个信号量集合。
- SETVAL——用于初始化信号量值。该值由 arg. val 指定。
- GETVAL——返回 semnum 所代表信号量的值。
- GETPID——返回最后一个对 semnum 所代表信号量执行 semop 操作的进程 ID。
- GETNCNT——返回等待 semnum 所代表信号量的值增加的进程数，相当于目前有多少进程在等待共享资源。
- GETZCNT——返回等待 semnum 所代表信号量的值变成 0 的进程数。
- GETALL——返回该集合中所有信号量的值，结果保存在 arg. array 中。
- SETALL——按 arg. array 指向的数组中的值设置该集合中所有信号量的值，同时更新与本信号量集相关的 semid_ds 结构的 sem_ctime 成员。

3.6.4 参考程序

(1) 将生产者和消费者程序公用头文件，定义和函数写到 sem_head. h 文件中。

```
/* sem_head.h */
#include <sys/types.h>
#include <sys/ipc.h>
#include <sys/sem.h>
#include <sys/shm.h>
#include <stdio.h>
#include <string.h>
#include< stdlib.h>
#include CONKEY 60                    //定义 consumer 信号量的关键字值为 60
#include PROKEY 61                    //定义 consumer 信号量的关键字值为 61
```

```
union semun
{
  int val;
  struct semid_ds *buf;
  unsigned short *array;
};
//创建信号量
int open_semaphore_set(key_t keyval,int numsems)
{
  int sid;
  sid=semget(keyval,numsems,IPC_CREAT|0666);
  return sid;
}
//初始化信号量的值
void init_a_semaphore(int sid,int semnum ,int initval)
{
  union semun semopts;
  semopts.val=initval;
  semctl(sid,semnum,SETVAL,semopts);
}
//删除信号量
int rm_semaphore(int sid)
{
  return(semctl(sid,0,IPC_RMID,0));
}
//信号量的P操作
int semaphore_P(int sem_id)
{
  struct sembuf sb;
  sb.sem_num=0;
  sb.sem_op=-1;
  sb.sem_flg=SEM_UNDO;
  semop(sem_id,&sb,1);
  return 1;
}
//信号量的V操作
int semaphore_V(int sem_id)
{
  struct sembuf sb;
  sb.sem_num=0;
  sb.sem_op=1;
  sb.sem_flg=SEM_UNDO;、
  semop(sem_id,&sb,1);
  return 1;
}
```

（2）生产者：sem-producer.c。

```
/*sem-producer.c*/
#include "sem_head.h"
```

```
main()
{
  struct exchange                              /* 定义共享内存区的结构体 */
  {
    char buf[BUFSIZ+80];
    int seq;
  } * shm;
  int shmid;
  unsigned char *retval;
  int producer,consumer,i;
  char readbuf[256];
  consumer=open_semaphore_set(CONKEY,1);    /* 创建信号量 consumer */
  init_a_semaphore(consumer,0,1);              /* 初始化信号量 consumer 的值为 1 */
  producer=open_semaphore_set(PROKEY,1);    /* 创建信号量 producer */
  init_a_semaphore(producer,0,0);              /* 初始化信号量 producer 的值为 0 */
  shmid=shmget(10,sizeof(struct exchange),0666|IPC_CREAT);  /* 创建共享内存区用于存放生
                                                                 产者产生的数据 */
  shm=(struct exchange *)shmat(shmid,(unsigned char *)0,0);
  for(i=1;;i++)                                /* 生产者与消费者同步 */
  {
    printf("请输入:\n");
    fgets(readbuf,BUFSIZ,stdin);
    semaphore_P(consumer);
    (*shm).seq=i;
    strcpy((*shm).buf,readbuf);
    semaphore_V(producer);
    if(strncmp(readbuf,"end",3)==0)
    break;
  }
  shmdt(shm);
  exit(0);
}
```

(3) 消费者：sem-consumer.c。

```
/* sem-consumer.c */
#include "sem_head.h"
main()
{
  struct exchange                                  /* 定义共享内存区的结构体 */
  {
    char buf[BUFSIZ+80];
    int seq;
  } * shm;
  int shmid;
  unsigned char *retval;
  int producer,consumer,i;
  consumer=open_semaphore_set(CONKEY,1);          /* 创建信号量 consumer */
  init_a_semaphore(consumer,0,1);                    /* 初始化信号量 consumer 的值为 1 */
```

```
    producer = open_semaphore_set(PROKEY,1);          /* 创建信号量 producer */
    init_a_semaphore(producer,0,0);                    /* 初始化信号量 producer 的值为 0 */
    shmid = shmget(10,sizeof(struct exchange),0666|IPC_CREAT);  /* 创建共享内存区用于存放生
                                                                  产者产生的数据 */
    shm = (struct exchange *)shmat(shmid,(unsigned char *)0,0);、
    for(i = 0;;i++)                                    /* 进行生产与消费的同步 */
    {
      semaphore_P(producer);
      if(strncmp((*shm).buf,"end",3)!= 0)
      {
        printf("接收到第%d 个数据:%s ",(*shm).seq,(*shm).buf);
        semaphore_V(consumer);
      }
      else
      {
        printf("接收数据结束!");
        break;
      }
    }
    rm_semaphore(producer);
    rm_semaphore(consumer);
    shmctl(shmid,IPC_RMID,NULL);
    exit(0);
}
```

程序说明：

上面的程序是用于模拟生产者与消费者关系的一个例子，生产者从键盘输入产生数据，将数据存入缓冲区中，并通过信号量唤醒消费者。消费者从缓冲区中读出数据并将其输出，并唤醒生产者使其再生产，如此循环，直到生产者输入“end”后结束。

第4章　文件系统

4.1 Linux 文件系统使用和链接

4.1.1 实验目的

1. 学习 Linux 中文件系统的使用。
2. 理解文件链接的概念。
3. 掌握文件硬链接和软链接(符号链接)的实现方法。

4.1.2 实验内容

按照下述步骤分析文件硬链接和符号链接的区别。

1. 文件硬链接

(1) 创建一个文件 a：$ gedit a。

(2) 创建一个链接：$ ln a b。

(3) 创建文件 a 的一个复制版本：$ cp a c。

(4) 观察 3 个文件 a、b、c 的索引节点、权限、属主、大小、时间等属性：$ ls -li。

(5) 修改文件 a 中的内容。

(6) 使用 cat 命令分别观察文件 b 和文件 c 的内容。

(7) 再次观察 3 个文件 a、b、c 的索引节点、权限、属主、大小、时间等属性：$ ls -li。

(8) 删除文件 a：$ rm a。

(9) 观察文件 b、c 是否仍然存在：$ ls -li。

(10) 查看文件 b 的内容：$ cat b。

2. 文件符号链接

(1) 创建一个文件 a：$ gedit a。

(2) 创建文件 a 的一个符号链接：$ ln -s a b。

(3) 执行上述文件硬链接中的后续步骤，观察有什么异同。

4.1.3 实验指导

在 Linux 的 ext2(第二扩展文件系统)中，文件的链接可以分为两种：硬链接和软链接(或称为符号链接)。

在 Linux 的文件系统中，每个文件名都对应一个硬链接。保存在磁盘分区中的文件不管是什么类型都给它分配一个编号，称为索引节点号。硬链接指通过索引节点来进行的链接，允许多个文件名指向同一索引节点。

采用硬链接可以解决文件共享问题，允许多个用户或进程使用不同的文件名来引用同一个文件。每个硬链接在文件目录项中都是作为一个单独的项存在的，但是其索引节点号完全相同，这就是说，它们引用的是同一个索引节点，因此对应的文件数据也完全相同。如果没有硬链接，只能通过给现有文件新建一份副本才能通过另外一个名字来引用这个文件，这样做的问题是在文件内容发生变化的情况下，势必会造成引用这些文件的进程所访问到的数据不一致的情况出现。另外，采用硬链接可以保护重要文件防止“误删”。用户可以建立多个硬链接到重要文件，因为对应该文件的索引节点有一个以上的链接。只删除一个链接并不影响索引节点本身和其他的链接，只有当最后一个链接被删除后，文件的数据块及目录的链接才会被释放。也就是说，文件才会被真正删除。

Linux 系统中采用 ln 命令产生硬链接。ln 命令的使用方法已在 1.1 节中做了详细介绍。下面通过例 4-1 来说明硬链接的使用方法。

例 4-1

```
$ mkdir test
$ cd test
$ gedit file1
$ ln file1 f1
$ ls -li
total 8
138683 -rw-r- -r- - 2 user user 9 2011-10-02 09:11 file1
138683 -rw-r- -r- - 2 user user 9 2011-10-02 09:11 f1
$ rm file
$ ls -li
total 4
138683 -rw-r- -r- - 1 user user 9 2011-10-02 09:11 f1
```

通过例 4-1 可以看到，使用 ln 命令建立的文件 file1 的硬链接 f1 的索引节点号(138683)、文件存取权限(-rw-r- -r- -)、链接计数(2)、所属用户和组(user)、文件大小(9)及建立时间(2011-10-02 09:11)等信息都完全相同。当删除文件 file1 后，文件 f1 的属性除了链接计数改为 1，其他都没有发生变化。

硬链接可以满足通过不同名字来引用相同文件的需要，但也存在如下问题：

(1) 不能对目录建立硬链接，否则会引起循环引用的问题，导致最终正常路径无法访问。

(2) 不能建立跨文件系统的硬链接。每个文件系统中的索引节点号都是单独进行编号的，跨文件系统就会导致索引节点号变得非常混乱。而这在现代 UNIX/Linux 操作系统中恰恰是无法接受的，因为每个文件系统中都可能会有很多挂载点来挂载不同的文件系统。

Linux 系统中，与硬链接相对应，还存在另一种链接，称为符号链接，也叫软链接。为了实现文件共享，Linux 系统为共享某个文件的用户创建一个 link 类型的新文件，将这个新文件登记在该用户共享目录项中，该 link 型文件包含链接文件的路径名。当用户要访问共享文件且正要读 link 型新文件时，Linux 操作系统根据 link 文件类型将文件读出的内容作为路径名去访问真正的共享文件。符号链接文件类似于 Windows 的快捷方式，它实际上是特殊文件的一种。在符号链接中，链接文件实际上是一个文本文件，其中包含的有另一文件的位置信息。

符号链接与硬链接的区别在于它要占用一个单独的索引节点来存储相关数据，但不存储链接指向的文件的数据，而是存储链接的路径名。采用符号链接可以跨越文件系统，甚至可以通过计算机网络链接到世界上任何地方的机器中的文件，只需要提供该文件所在的地址以及在该机器中的文件路径。

Linux 系统中采用 ln 命令产生符号链接。在例 4-1 创建的 test 子目录下，通过例 4-2 来分析符号链接的使用方法。

例 4-2

```
$ gedit file2
$ ln -s file2 f2
$ ls -li
total 8
138683 -rw-r--r-- 1 user user 9 2011-10-02 09:11 f1
138686 lrwxrwxrwx 1 user user 5 2011-10-02 09:30 f2 -> file2
138678 -rw-r--r-- 1 user user 13 2011-10-02 09:26 file2
$ rm file2
$ ls -li
total 4
138683 -rw-r--r-- 1 user user 9 2011-10-02 09:11 f1
138686 lrwxrwxrwx 1 user user 5 2011-10-02 09:30 f2 -> file2
$ cat f2
cat: f2: No such file or directory
```

通过例 4-2，可以看到使用 ln 命令建立的文件 file2 的符号链接 f2。f2 是一个 link 类型的文件，其索引节点号(138686)、文件存取权限(lrwxrwxrwx)、文件大小(5)及建立时间都与文件 file2 不相同。文件存取权限的第一个字符表示文件类型，其中，“-”表示普通文件，“l”表示链接文件。当删除文件 file2 后，链接文件 f2 仍然存在，但是再查看文件 f2 的内容，系统提示该文件不存在。

4.2 Linux 文件系统调用

4.2.1 实验目的

1. 掌握文件相关的系统调用和库函数使用方法。
2. 熟悉文件操作性的系统调用用户接口。

4.2.2 实验内容

利用文件相关系统调用编写命令程序，实现删除文件、复制文件、创建目录或删除目录等功能。

4.2.3 实验指导

1. 文件的创建、打开和关闭

用户进程对文件操作前需要先打开文件，系统需要根据用户提供的文件名参数查找文件的目录项，然后找到文件的磁盘i节点，复制到内存i节点之后，用户进程才可以访问文件。同样，文件操作完毕后要关闭文件，释放相关资源。

1）创建新文件：creat()

头文件：

```
#include <sys/types.h>
#include <sys/stat.h>
#include <fcntl.h>
```

系统调用格式：

```
int creat(const char * pathname, mode_t mode);
```

参数说明：pathname为指向要创建的文件名字符串的指针；mode用来规定该文件的访问权限。参数mode的取值有下列几种组合，只有在建立新文件时才会生效。要求按位逻辑加对下列符号常量进行所需要的组合。

- S_IRWXU：即00700权限，代表该文件所有者具有可读、可写及可执行的权限。
- S_IRUSR或S_IREAD：即00400权限，代表该文件所有者具有可读取的权限。
- S_IWUSR或S_IWRITE：即00200权限，代表该文件所有者具有可写入的权限。
- S_IXUSR或S_IEXEC：即00100权限，代表该文件所有者具有可执行的权限。
- S_IRWXG：即00070权限，代表该文件用户组具有可读、可写及可执行的权限。
- S_IRGRP：即00040权限，代表该文件用户组具有可读的权限。
- S_IWGRP：即00020权限，代表该文件用户组具有可写入的权限。
- S_IXGRP：即00010权限，代表该文件用户组具有可执行的权限。
- S_IRWXO：即00007权限，代表其他用户具有可读、可写及可执行的权限。
- S_IROTH：即00004权限，代表其他用户具有可读的权限。
- S_IWOTH：即00002权限，代表其他用户具有可写入的权限。
- S_IXOTH：即00001权限，代表其他用户具有可执行的权限。

创建文件时，如果文件已经存在，只要执行进程对文件所在目录有执行权，并对该文件有写权，同时，保持原文件的mode不变。

返回值：调用成功将返回所创建的文件描述符，若有错误返回－1。

例：

```
fd = creat("./ file",S_IRUSR);        /* 在当前目录下建立名为file的新文件,文件所有者可读权
                                        限 */
```

2）打开文件：open()

在对文件进程操作前，需要打开该文件，获得该文件的文件描述符，打开文件的系统调

用为 open()函数。该函数的头文件与 creat()相同。

系统调用格式：

```
int open(const char * pathname, int flags, [mode_t mode]);
```

参数说明：指针 pathname 是要打开的文件名或设备名；mode 规定被打开文件的存取权限，仅当创建新文件时才使用该参数；flags 规定了打开文件的方式，即对文件要进行的操作。下列是参数 flags 可能的取值。

- O_RDONLY：以只读方式打开文件。
- O_WRONLY：以只写方式打开文件。
- O_RDWR：以可读写方式打开文件。

上述 3 种方式是互斥的，也就是不可同时使用，但可与下列的访问方式利用 OR(|)运算符组合。

- O_CREAT：若要打开的文件不存在则自动建立该文件。
- O_EXCL：如果 O_CREAT 也被设置，此指令会去检查文件是否存在。文件若不存在则建立该文件，否则将导致打开文件错误。此外，若 O_CREAT 与 O_EXCL 同时设置，并且要打开的文件为符号链接，则会打开文件失败。
- O_NOCTTY：使用本参数时，如果要打开的文件为终端设备时，那么该终端不可以作为调用 open()系统调用的那个进程的控制终端。
- O_TRUNC：若文件存在并且以可写的方式打开时，此方式会令文件长度清为 0，而原来存于该文件的资料也会消失。
- O_APPEND：以添加方式打开文件，在打开文件的同时，文件指针指向文件的末尾。当读写文件时会从文件尾开始移动，所写入的数据会以附加的方式加入到文件后面。
- O_NONBLOCK：以不可阻断的方式打开文件，也就是无论有无数据读取或等待，都会立即返回进程中。
- O_NDELAY 同 O_NONBLOCK。
- O_SYNC：以同步的方式打开文件。
- O_NOFOLLOW：如果参数 pathname 所指的文件为一符号链接，则会令打开文件失败。
- O_DIRECTORY：如果参数 pathname 所指的文件并非为一目录，则会令打开文件失败。

返回值：调用成功后(所检查的权限存在或文件创建成功)，将返回所打开的文件的文件描述符(int 类型)；如果调用失败，将返回－1。

如果要打开的文件不存在，则可以使用 open()函数自动创建该文件，即“O_CREAT”打开方式，此时需要用到第三个参数，它规定了文件的权限。在设置权限时，可以采用直接设置为八进制的方式，如 0666。

例：

```
fd = open("./file",O_CREAT|O_TRUNC|O_WRONLY,0600); /* 以只写方式打开当前目录下名为 file
的文件，如果该文件不存在则创建该文件，若文件存在并且以可写的方式打开时，此方式会令文件长
度清为 0，而原来存于该文件的资料也会消失 */
```

3）关闭文件：close()

当完成对文件的操作后，应关闭文件，将相应的内容全部写回到文件中，即让数据写回磁盘。使用close()系统调用关闭文件。

头文件：

```
#include <unistd.h>
```

系统调用格式：

```
int close(int fd);
```

参数说明：fd为文件描述符。

返回值：若文件顺利关闭则返回0，发生错误时返回−1。

2. 文件的读写和定位

1）读文件：read()

从一个文件中读取数据。

头文件：

```
#include <unistd.h>
```

系统调用格式：

```
ssize_t read(int fd, void *buf, size_t count);
```

参数说明：fd为文件描述符，buf为存放读出数据的缓冲区指针，count为要读取的字节数。

函数说明：read()把文件描述符fd所表示的文件读取count个字节的数据，放到缓冲区buf。若参数count为0，则read()不起作用并返回0。如果count大于0，read()会将文件的st_atime字段标记为更新，并返回读取的字节数，此数字不会大于count。但在下列情况下返回的值可能小于count：文件中剩余的字节数小于count，read()请求已被某个信号中断。

返回值：调用成功返回实际读取到的字节数。如果返回0，表示已到达文件尾部或无数据可读；如果为−1，则表示出错。

2）写文件：write()

打开文件后，可以通过write()系统调用向文件写入数据。

头文件：

```
#include <unistd.h>
```

系统调用格式：

```
ssize_t write(int fd, const void *buf, size_t count);
```

参数说明：fd为文件描述符，buf为存放写入数据的缓冲区指针，count为要写入的字节数。

函数说明：此函数将buf所指向的缓冲区中count个字节写入文件描述符fd所表示的文件中。如果count为0，write()将返回0。

返回值：调用成功会返回实际写入的字节数。如果出错返回－1，错误代码存入errno中。

3）移动文件的读写位置：lseek()

当打开文件都有一个读写位置，通常指向文件头部，若是以附加的方式打开文件，则在文件尾部。利用lseek()系统调用可以修改文件的读写位置。

头文件：

```
#include <sys/types.h>
#include <unistd.h>
```

系统调用格式：

```
off_t lseek(int fd, off_t offset, int whence);
```

参数说明：fd为文件描述符；offset为位移量，每一次读写所需要移动的距离，是根据参考位置whence来移动读写位置的字节数，取值可正可负；whence为当前位置的基点，可以取值为下列其中一种。

- SEEK_SET或0：文件读写指针从文件开头开始移动offset个位移量，作为新的读写位置。
- SEEK_CUR或1：文件读写指针从当前位置起移动offset个位移量，作为新的读写位置。
- SEEK_END或2：文件读写指针从文件结尾起移动offset个位移量，作为新的读写位置。

当whence值为SEEK_CUR(1)或SEEK_END(2)时，参数offet允许负值的出现。下面是几种较特别的使用方式：

```
lseek(int fildes,0,SEEK_SET);          /*将读写位置移到文件开始*/
lseek(int fildes,0,SEEK_END);          /*将读写位置移到文件尾*/
lseek(int fildes,0,SEEK_CUR);          /*取得目前文件位置*/
```

返回值：执行成功返回文件的目前读写位置，即距离文件头部的字节数；若错误则返回－1。

下面通过例4-3说明文件的创建、打开、写入、读出以及移动文件读写位置等系统调用的使用方法。

例 4-3

```
/*lseek.c*/
#include<stdio.h>
#include<sys/types.h>
#include<unistd.h>
#include<fcntl.h>
#include<sys/stat.h>
#include<syslog.h>
#include<string.h>
#include<stdlib.h>
```

```
main()
{
  char buf1[100] = "This is a example for creating,writing,lseeking and reading a new file !\n";
  char buf2[100] = "hello";
  int fd,where;
  fd = creat("./file1",0700);          /* 在当前目录下建立一个新文件 file1,文件所有者具有
                                          可读取、写入和执行的权限 */
  fd = open("./file1",O_CREAT|O_RDWR);  /* 打开当前目录下的文件 file1,如果文件不存在则创
                                          建该文件 */
  write(fd,buf1,sizeof(buf1));         /* 将 buf1 中存储的字符信息写入文件 file1 */
  where = lseek(fd,10,SEEK_SET);       /* 将文件 file1 读写位置移至第 10 个字符 */
  where = lseek(fd, - 10,1);           /* 将文件 file1 读写位置重新移至文件头 */
  printf("new pointer value is: %d\n",where); /* 显示文件 file1 读写位置 */
  read(fd,buf2,sizeof(buf1));          /* 将文件 file1 存储的字符信息读出存入 buf2 中 */
  printf("buf2: %s\n",buf2);           /* 显示从文件 file1 读出的信息 */
  close(fd);                           /* 关闭文件 file1 */
  system("cat file1");                 /* 调用 cat 命令显示文件 file1 中存储的信息 */
  printf("\n");
}
```

3. 文件删除

unlink()用于删除某文件(包括链接文件)。

头文件:

```
#include <unistd.h>
```

系统调用格式:

```
int unlink(const char *pathname);
```

参数说明:pathname 为文件名。

函数说明:一个文件可以有多个路径,即通过硬链接可以使一个索引节点号链接多个文件的目录项。unlink()删除由 pathname 指向文件名所指定的文件目录项,即将索引节点号的链接计数减 1。若链接计数值减 1 后为 0,且没有进程打开该文件时,立即删除该文件,该文件占有的空间被释放(即释放文件的目录项、索引节点号和文件占用的磁盘块),并且该文件不复存在。如果链接计数值减 1 后为 0,且有进程正在打开该文件使用时,则只有目录条目被立即删除,以便还没有打开该文件的进程不能访问该文件,等进程使用完后再删除。如果链接计数值减 1 后不为 0,则只删除目录项,立即返回。

返回值:调用成功返回 0,否则返回-1,并置全局错误变量 errno。

4. 改变文件的权限

chmod()用于改变指定文件的访问权限。

头文件:

```
#include <unistd.h>
#include <sys/types.h>
#include <sys/stat.h>
```

系统调用格式:

```
int chmod(const char * path, mode_t mode);
```

参数说明：path 为要改变权限的文件路径及文件名；mode 为文件的访问权限，取值和 creat()函数的参数 mode 取值含义相同。

函数说明：chmod()修改 path 所指示的文件的访问权限，新权限由参数 mode 给出。只有文件属主或超级用户才能修改该文件的权限。

返回值：调用成功返回 0，失败返回－1，错误原因存于 errno 中。

5. 文件目录管理

下面介绍常用的文件目录管理方法，包括创建目录，修改工作目录，删除目录，打开目录以及读取目录。

1）创建目录：mkdir()

头文件：

```
#include <sys/stat.h>
#include <sys/types.h>
```

系统调用格式：

```
int mkdir(const char * pathname, mode_t mode);
```

参数说明：pathname 为要创建的目录路径和名称；mode 为该目录的访问权限，取值和 creat()函数的参数 mode 取值含义相同。

返回值：调用成功返回 0，出错返回－1。

例：

```
mkdir("./ newdir",0700);  /* 在当前工作目录下创建名为 newdir 的子目录，目录所有者具有可
                             读、可写和可执行的权限 */
```

2）修改工作目录：chdir()

头文件：

```
#include <unistd.h>
```

系统调用格式：

```
int chdir(const char * pathname);
```

参数说明：pathname 为新的工作目录路径和名称。

返回值：调用成功返回 0，出错返回－1。

例：

```
chdir("./ newdir");  /* 进入在当前工作目录下的子目录 newdir */
```

3）删除目录：rmdir()

头文件：

```
#include <unistd.h>
```

系统调用格式：

```
int rmdir(const char * pathname);
```

参数说明：pathname 为要删除的目录路径和名称。

返回值：调用成功返回 0，出错返回－1。

例：

```
rmdir("./newdir");   /* 删除在当前工作目录下的子目录 newdir */
```

4）打开目录：opendir()

头文件：

```
#include <sys/types.h>
#include <dirent.h>
```

系统调用格式：

```
DIR *opendir(const char *name);
```

参数说明：name 为要打开的目录。

函数说明：opendir()用来打开参数 name 指定的目录，并返回指向 DIR 结构的指针。和 open()类似，接下来对目录的读取和搜索都要使用此返回值。DIR 结构是一个内部结构，这个数据结构是抽象的，其作用类似于标准 I/O 库维护的 FILE 结构。

返回值：调用成功返回指向 DIR 结构的指针，打开失败则返回 NULL。错误代码如下。

- EACCESS：权限不足。
- EMFILE：已达到进程可同时打开的文件数上限。
- ENFILE：已达到系统可同时打开的文件数上限。
- ENOTDIR：参数 name 非真正的目录。
- ENOENT：参数 name 指定的目录不存在，或是参数 name 为一个空字符串。
- ENOMEM：核心内存不足。

5）关闭目录：closedir()

头文件：

```
#include <sys/types.h>
#include <dirent.h>
```

系统调用格式：

```
int closedir(DIR *name);
```

参数说明：name 是要关闭的目录名。

返回值：关闭成功返回 0，失败返回－1。

6）读取目录：readdir()

readdir()用来读取一个文件目录内容。

头文件：

```
#include <direct.h>
#include <sys/types.h>
```

系统调用格式：

```
struct dirent *readdir(DIR *dp);
```

参数说明：dp为指向DIR结构的指针。

函数说明：读取目录指针为dp的目录文件，返回值为指向dirent的结构体指针。dirent结构体定义在头文件direct.h中，用于保存正在被读的目录的有关信息，其定义如下：

```
struct dirent
{
  ino_t d_ino;                        /* d_ino 为此目录的索引节点号 inode */
  ff_t d_off;                         /* d_off 为目录文件开头至此目录进入点的位移 */
  signed short int d_reclen;          /* d_reclen 为 d_name 的长度，不包括 NULL 字符 */
  unsigned char d_type;               /* d_type 为 d_name 所指的文件类型 */
  char d_name[NAME_MAX+1];            /* d_name 为文件名 */
}
```

4.2.4 参考程序

1. 实现删除文件的程序：myrm.c

```
/* myrm.c */
#include <stdio.h>
#include <sys/stat.h>
#include <sys/types.h>
#include <errno.h>
int main(int argc, char *argv[])
{
  int rc;
  if (argc != 2)          /* 如果运行该程序时没有指定要删除的文件，提示用户添加文件名 */
  {
    printf("\nUsage: myrm <filename> \n\n");
    return 1;
  }
  rc = unlink(argv[1]); /* 删除指定文件 */
  if (rc == -1)           /* 未删除指定文件，提示出错原因 */
  {
    printf("Error: %c\n", strerror(errno));
    return 2;
  }
  return 0;
}
```

实验步骤：

(1) 编辑 gedit myrm.c。

(2) 编译 gcc myrm.c -o myrm。

(3) 运行 ./myrm<待删除的文件名>。

程序说明：

主函数 main(int argc, char *argv[])中变量的含义分别如下。

(1) argc 用来统计运行该程序时命令行总的参数个数。

(2) argv[]是字符串数组，用来存放指向字符串参数的指针数组，即存放 agrc 个参数，每个元素指向下面参数之一。

- argv[0]：指向程序运行的全路径名。
- argv[1]：指向在 shell 提示符命令行中执行程序名后的第一个字符串。
- argv[2]：指向执行程序名后的第二个字符串。

在本例中，如果在 shell 提示符下输入"$./myrm file1.c"，则程序中 argv[0]=./mytest; argv[1]=file1.c。

2. 实现创建、改变目录以及显示目录等操作的程序：creatdir.c

```
/* creatdir.c */
#include<stdio.h>
#include<sys/types.h>
#include<unistd.h>
#include<fcntl.h>
#include<sys/stat.h>
#include<syslog.h>
#include<string.h>
#include<stdlib.h>
#include<dirent.h>
main()
{
  DIR *dir;
  struct dirent *ptr;
  int fd;
  mkdir("./newdir",0700);             /* 在当前目录下创建名为 newdir 的子目录 */
  mkdir("./newdir/dir1",0700);        /* 在子目录 newdir 中创建名为 dir1 的子目录 */
  fd=creat("./newdir/file1",0700);    /* 在子目录 newdir 中创建名为 file1 的新文件 */
  dir=opendir("./newdir");            /* 打开子目录 newdir */
  while((ptr=readdir(dir))!=NULL)     /* 读取子目录 newdir 中的内容，并显示文件或目录名 */
  {
    printf("name: %s\n",ptr->d_name);
  }
}
```

程序说明：

本程序实现了在当前目录下创建子目录、文件，并实现打开子目录，读取子目录中的内容等功能。结构体 dirent 的定义在头文件 dirent.h 中。

4.3 文件系统的模拟实现

4.3.1 实验目的

1. 深入了解文件管理系统，初步掌握文件管理系统的实现方法。
2. 掌握文件系统的工作机理。

4.3.2 实验内容

利用 Linux 文件系统调用函数编程实现对文件和目录的基本操作。

4.3.3 实验指导

设计思想：利用 4.2 节介绍的 Linux 文件系统调用如 creat()、open()、read()、write()、close()等编程实现对文件和目录的基本操作，包括新建、读写、删除、修改权限等功能。

4.3.4 参考程序

```
/*file.c*/
#include<stdio.h>
#include<sys/types.h>
#include<unistd.h>
#include<fcntl.h>
#include<sys/stat.h>
#include<syslog.h>
#include<string.h>
#include<stdlib.h>
#include<dirent.h>
#define MAX 128
int chmd();
int chmd (char file[])
{
  int c;
  mode_t mode=S_IWUSR;
  printf(" 0. 0700\n 1. 0400\n 2. 0200 \n 3. 0100\n ");          /*选择要修改的权限*/
  printf("Please input your choice(0-3):");
  scanf("%d",&c);
  switch(c)
  {
    case 0: chmod(file,S_IRWXU);break;
    case 1: chmod(file,S_IRUSR);break;
    case 2: chmod(file,S_IWUSR);break;
    case 3: chmod(file,S_IXUSR);break;
    default:printf("You have a wrong choice!\n");
  }
  return(0);
```

```
}
main()
{
  DIR *dir;
  struct dirent *ptr;
  int fd;
  int num;
  int choice;
  int del;
  char buffer[MAX],file[20],s;
  struct stat buf;\
  mkdir("./newdir",0700);                   /*创建子目录 newdir*/
  chdir("./newdir");                        /*进入子目录 newdir*/
  while(1)
  {
    printf("**********************************\n");
    printf("0. 退出\n");
    printf("1. 创建新文件\n");
    printf("2. 写文件内容\n");
    printf("3. 读文件内容\n");
    printf("4. 修改文件权限\n");
    printf("5. 显示文件权限\n");
    printf("6. 删除文件\n");
    printf("7. 查询文件\n");
    printf("**********************************\n");
    printf("请选择操作(0~7):");
    scanf("%d",&choice);
    switch(choice)
    {
      case 0:                               /*退出*/
        exit(0);
      case 1:                               /*创建新文件*/
        printf("请输入要创建文件名(不超过 20 个字符):\n");
        scanf("%s",file);
        fd=creat(file,S_IRWXU);             /*创建一个新文件*/
        if(fd==-1)
          printf("文件创建失败!\n");
        else
        {
          printf("文件创建成功!文件描述符: fd = %d\n",fd); /*显示文件描述符*/

          fd=open(file,O_WRONLY,0750);
          printf("请输入文件内容(不超过 128 个字符):\n");
          num=read(0,buffer,MAX);           /*从键盘读取最多 128 个字符*/
          write(fd,buffer,num);             /*把从键盘读取的信息写入文件*/
          printf("文件写入成功!\n");
        }
        break;
      case 2:                               /*修改指定文件内容*/
        printf("请输入要打开文件名:\n");
```

```
        scanf(" %s",file);
        fd = open(file,O_WRONLY,0750);
        if(fd == -1)
          printf("文件打开失败!\n");
        else
        {
          printf("请输入文件内容(不超过 128 个字符):\n");
          num = read(0,buffer,MAX);
          write(fd,buffer,num);
          printf("文件写入成功!\n");
        }
        break;
      case 3:                          /* 阅读指定文件 */
        printf("请输入要查询文件名:\n");
        scanf(" %s",file);
        fd = open(file,O_RDONLY,0750);
        read(fd,buffer,MAX);
        printf("文件内容为:\n");
        write(1,buffer,num);           /* 把指定文件的内容在屏幕上输出 */
        break;
      case 4:                          /* 修改指定文件权限 */
        printf("请输入要修改的文件名:\n");
        scanf(" %s",file);
        chmd (file);
        printf("文件权限被修改!\n");
        system("ls -li");
        break;
      case 5:                          /* 显示指定文件的权限 */
        printf("请输入要查询文件名:\n");
        scanf(" %s",file);
        printf("文件属性为:\n");
        system("ls -li");              //list file
        break;
      case 6:                          /* 删除指定文件 */
        printf("请输入要删除文件名:\n");
        scanf(" %s",file);
        del = unlink(file);   //delete file
        if (del) printf("文件删除失败!\n");
        else printf("文件已删除!\n");
        system("ls ");
        break;
      case 7:                          /* 查询已建立的文件 */
        system("ls -li");              /* 调用系统命令查询当前目录已建立的文件信息 */
        break;
      default:
        printf("输入错误,请重新输入!\n");
        break;
    }
  }
}
```

程序说明：

该程序首先新建一个子目录 newdir 作为新的工作目录，在 newdir 目录中提示用户按照菜单选择相应操作建立新文件，并对新文件进行修改内容、修改权限、删除、查询等操作。读者还可以进一步添加用户登录、创建目录、更改目录、删除目录等操作，从而完善该程序的功能。

第二篇

基于Windows操作系统的实验指导

第5章　开发工具介绍

5.1　Visual C++简介

Visual C++，简称 VC++，是 Microsoft 公司推出的一款 C++编译器，Visual C++是一款功能强大的可视化软件开发工具。自 1993 年 Microsoft 公司推出 Visual C++ 1.0 后，随着其新版本的不断问世，Visual C++已成为专业程序员进行软件开发的首选工具。

现在最新版的 VC++编译器集成在 Microsoft Visual Studio 2010 软件里面，VS 2010 包含 VC++、VB. net、C#、J#等编程语言。其中，VC 开发环境的版本已经升级至 Microsoft Visual C++ 2010，对 C++的支持更加全面稳定。利用 VC++可以编写多种类型的应用程序，包括 MFC 应用程序、Win32 项目、控制台应用程序等。本书 Windows 部分的实验都采用控制台应用程序，可以使用常见的 Visual C++ 6.0、Visual C++ 2005、Visual C++ 2008、Visual C++ 2010 等环境进行调试运行。由于 Visual C++ 6.0 版本使用者较多，对计算机的硬件配置要求比较低，因此本书的 Windows 部分的实验均以 Visual C++ 6.0 为实验工具进行介绍，如果读者安装有更高版本的 VC 环境，也可建立控制台应用程序，参照书中代码进行实验。

5.2　Visual C++ 6.0 的开发环境

Visual C++不仅仅是一个 C++编译器，还是一个基于 Windows 操作系统的可视化集成开发环境 IDE(Integrated Development Environment)。Visual C++由许多组件构成，包括编辑器、编译器、调试器以及应用程序向导(AppWizard)、类向导(ClassWizard)等工具。这些组件通过一个名为 Developer Studio 的组件集成为一个完整的开发环境，如图 5-1 所示。

本节主要介绍 Visual C++ 6.0 的开发环境，即主窗口、菜单栏及工具栏的使用方法等内容。

5.2.1　Visual C++ 6.0 的主窗口

现代的计算机语言产品都提供了集成开发环境，Visual C++ 6.0 也不例外，其集成开发环境提供了源程序编辑、编译、调试和运行等功能，是进行程序设计的主要工作场所。

启动 Visual C++ 6.0 后，将打开如图 5-2 所示的“每日提示”对话框。此对话框用于告诉初学者 Visual C++ 6.0 的一些特性以及使用方法等，单击 Next Tip 按钮可阅读下一条提示。如果用户不想每次进入 Visual C++ 6.0 时都看到这个对话框，可取消选中 Show tips at startup 复选框，然后单击 Close 按钮。

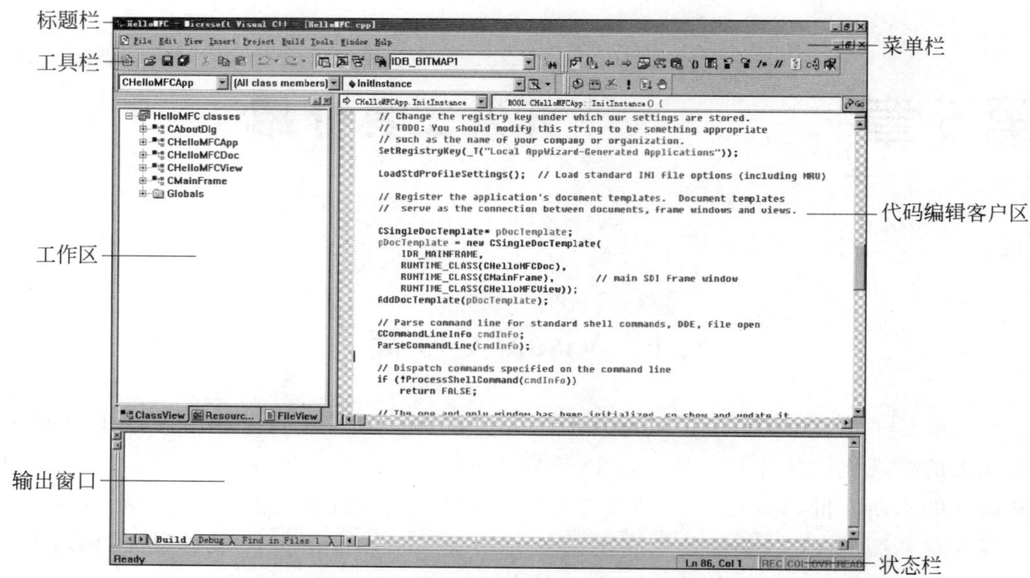

图 5-1 Visual C++ 6.0 开发环境

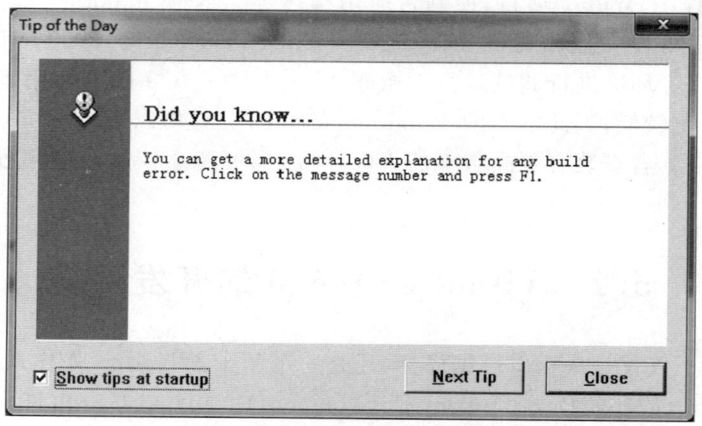

图 5-2 “每日提示”对话框

单击 Close 按钮后将打开 Visual C++ 6.0 的主窗口，如图 5-3 所示为选择 File→Open Workspace 命令，打开一个工作空间后所显示的窗口。

1. 项目工作区

Visual C++ 6.0 以项目为单位对开发中的软件进行管理，一个项目通常包括所有的源程序、资源文件和其他的支持文件。项目工作区窗口是管理这些文件的界面，通过在该窗口上的操作，用户可以调出任何在当前项目中所需要的文件并进行编辑。在项目工作区窗口中有 ClassView、ResourceView 和 FileView 3 个选项卡。其作用如下：

- 选择 ClassView 选项卡，则在项目工作区窗口中将以树形结构显示当前项目中所有的类和类成员。
- 选择 ResourceView 选项卡，则显示以资源类型组织的所有资源。

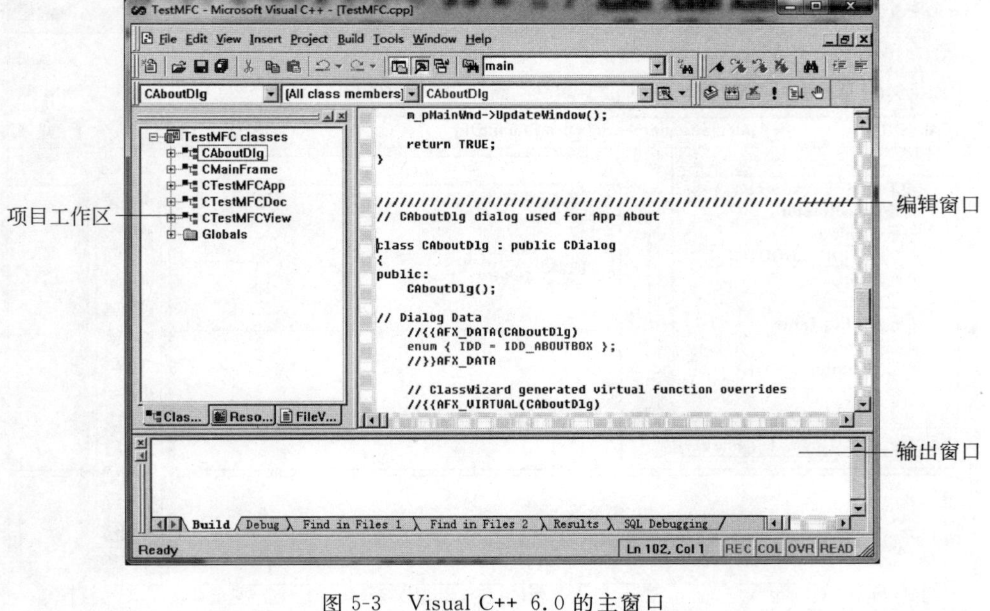

图 5-3　Visual C++ 6.0 的主窗口

- 选择 FileView 选项卡,则当前项目中用到的所有文件将按照文件类型显示在项目工作区窗口中。

2. 编辑窗口

编辑窗口是用户进行输入、编辑的主要区域,用户可通过该窗口编辑头文件、源文件、资源等各种文件。

在编辑 C++源文件时,编辑窗口将根据 C++语法将程序文本显示为不同颜色,这样可以增加程序的可读性。如果要编辑一个在当前项目中已经存在的 C++源文件,先选择 FileView 选项卡,然后在不同类型的文件列表中双击要编辑的文件即可。

在 Windows 操作系统环境下,应用程序中的菜单、对话框、图标和字符串等都是独立于源程序代码的,它们被称为资源。Visual C++ 6.0 提供了可视化的资源编辑界面,用户可以很方便地编辑这些资源。

例如,选择工作区窗口中的 ResourceView 选项卡并展开其选项,然后双击 Dialog 下的 IDD_ABOUTBOX 选项,可打开如图 5-4 所示的对话框和工具栏,通过它们可对该对话框资源进行可视化编辑。

3. 输出窗口

输出窗口主要用于输出有关编译和调试过程中的信息及其结果。

源程序文件编写完成后,即可对源程序进行编译。编译是指将源程序"翻译"成计算机能识别的机器语言程序,其中编译器先将源程序翻译成目标代码模块,再由链接程序将目标代码模块同静态库文件链接,形成计算机能直接执行的机器语言代码。选择 Build→Compile 命令即可启动编译器编译源程序;选择 Build→Build 命令不仅编译源程序,还可调用链接程序生成最终的可执行代码。

在编译与链接的过程中,所有的信息都会输出到输出窗口中,包括编译器在编译过程中

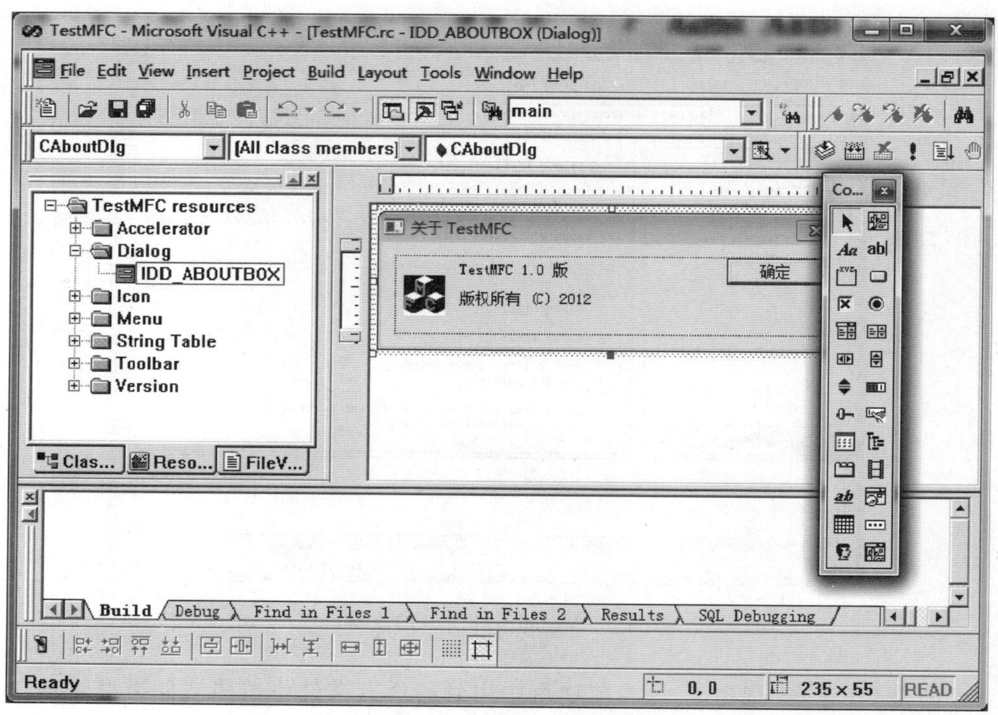

图 5-4 编辑窗口中的对话框和工具栏

找到的源程序在语法上的错误和链接成功与否等信息，它们对调试程序的作用很大。需要注意的是，在编译阶段，编译器会找出程序中的语法错误，但语法上完全正确的程序也不一定能正确运行。例如，把赋值语句“a=b+c”误写为“a=b*c”，尽管语法上完全正确，但显然得不到正确结果，对于程序中存在的逻辑错误，编译器是无法找出的，只有通过调试才能找出逻辑错误。

5.2.2 Visual C++ 6.0 的菜单栏

菜单栏由多个菜单选项组成。选择菜单有两种方法：一种是单击所选的菜单；另一种是通过键盘操作选择菜单，即同时按 Alt 键和所选菜单的热键字母(即菜单项上带下划线的字母)。选择某个菜单后，就会出现相应的下拉菜单，其中的某些菜单项后带有标记，这些标记具有特定的意义：

- 若菜单项后面带有相应的快捷键，表示按快捷键将直接执行该命令。
- 若菜单项后面带有 3 个圆点，表示选择该项后将自动打开一个对话框。
- 若菜单项后面带有黑三角箭头，表示选择该项后将自动弹出下级级联菜单。
- 如果下拉菜单中的某些选项显示为灰色，则表示这些选项在当前条件下不能选择。

此外，在窗口的不同位置右击将弹出快捷菜单，从快捷菜单中可执行与当前位置相关的命令。

Visual C++ 6.0 的菜单栏包括文件、编辑、查看、插入、工程、编译、工具、窗口和帮助 9 个菜单项，每个菜单项对应其相关操作，如图 5-5 所示。

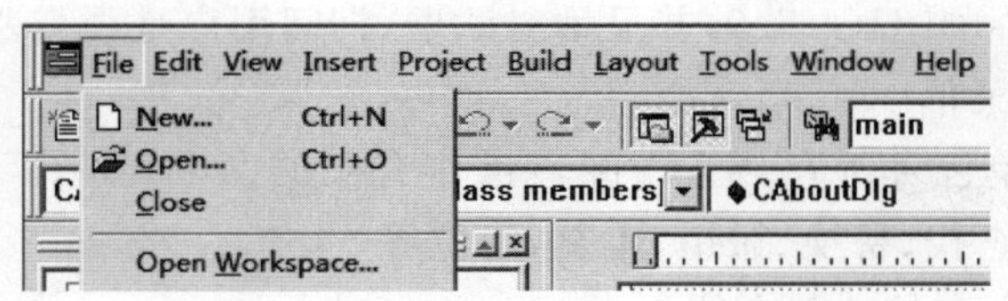

图 5-5　Visual C++ 6.0 的菜单栏

下面简单介绍常用菜单的功能。

1. “文件”(File)菜单

“文件”(File)菜单中包含了用于对文件进行各项操作的命令，如图 5-6 所示。主要包括新建、打开、结束、保存、打开工作区、关闭工作区、保存工作区、最近的文件和工作区、页面设置、打印等。

图 5-6 中各主要命令的功能介绍如下。

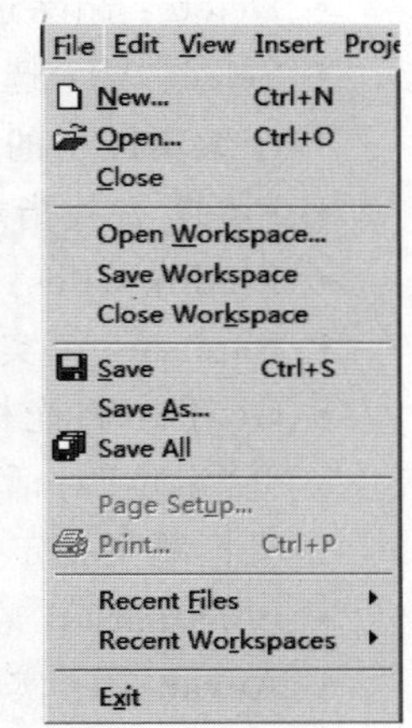

图 5-6　“文件”(File)菜单

- New：创建一个新的文件、项目或工作区。
- Open：打开已有的文件，如已有的文档、项目或工作区等。单击该菜单命令将打开 Open 对话框，选择要打开文件所在的驱动器、路径及文件名后可将其打开。
- Close：关闭已打开的文件。如果系统中包含有多个已打开的文件，那么选择该命令则会将当前活动窗口或选定窗口中的文件关闭。如果某个文件还未保存就被关闭，则系统会提示用户是否保存该文件。
- Open Workspace：打开一个已经存在的工作区。工作区文件扩展名为.dsw，每一个工作区对应一个项目，其中记录了应用程序的源文件、头文件、资源文件和相关信息。选择该命令将打开 Open Workspace 对话框。
- Save Workspace：保存当前工作区。
- Close Workspace：关闭当前工作区。
- Save：保存活动窗口或当前选定窗口中的文件内容。如果所要保存的文件还未被保存过，那么系统会打开“保存为”对话框，提示用户输入有效的文件名。
- Save As：将当前文件另存为一个新的文件名或新的路径，这样不会使新文件覆盖原来的文件。
- Save All：保存所有打开的文件。
- Page Setup：进行页面布局设置，单击该菜单项将打开“打印设置”对话框，用户可设置页面的页眉、页脚以及上下左右页边距等属性。
- Print：打印当前活动窗口中的内容。选择该命令将打开“打印”对话框，用户在设置了打印机的类型和打印范围之后即可进行打印。
- Recent Files：列出用户最近打开过的文件名称，单击某个文件名就可打开相应的文件。
- Recent Workspaces：列出用户最近打开的工作区名，单击某个工作区名可打开相应的工作区。

- Exit：退出 Visual C++ 6.0，并显示对话框，询问用户是否需要保存修改的内容。

2. “编辑”(Edit)菜单

“编辑”(Edit)菜单包含所有与文件编辑操作有关的命令，如图 5-7 所示。主要包括剪切、复制、粘贴、删除、查找、替换、撤销、重复、定位等。

图 5-7 中各主要命令的功能介绍如下。

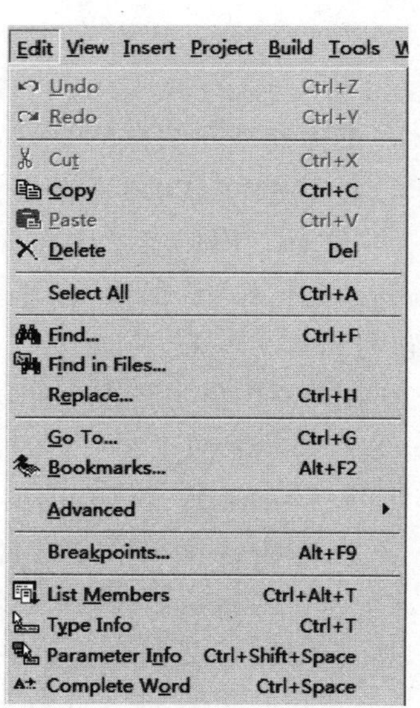

图 5-7 “编辑”(Edit)菜单

- Undo：撤销上一次的操作。
- Redo：恢复最近一次撤销的操作。
- Cut：将选择的文本剪切掉，并将其移动到剪贴板中。
- Copy：将选择的文本复制到剪贴板中。
- Paste：将当前剪贴板中的内容粘贴到当前光标位置。
- Delete：删除选择的文本。
- Select All：选择整个文档。选择该命令，会看到整个编辑区中的文本都反色显示。
- Find：查找指定字符串。
- Find in Files：在多个文件中查找字符串。
- Replace：可实现用其他字符串替代指定字符串。
- Go To：将光标移动到指定位置。选择该命令将打开“定位”对话框，用户可指定行号、地址、书签等使光标跳到指定的某个位置。
- Bookmarks：在光标当前位置处定义一个书签。
- Advanced：实现一些高级编辑操作。
- Breakpoints：用户可设置、删除和查看断点。
- List Members：选择该命令后，将弹出一个下拉列表框，其中列出了 Visual C++ 6.0 中定义的各种常量、函数，用户能够将该列表中的内容粘贴到文件中。
- Type Info：使用户无须再死记变量、函数和方法的语法。只需选择一个变量(或函数、方法)，再选择“编辑”→Type Info 命令，该变量(或函数、方法)下方将显示出语法格式。
- Parameter Info：显示指定函数的参数格式。先选择一个函数，再选择“编辑”(Edit)菜单中的 Parameter Info 命令，该函数下方将显示出参数的格式。
- Complete Word：完成一条语句。

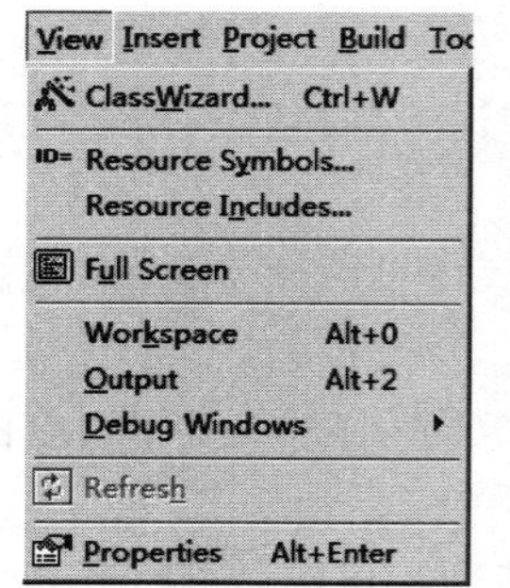

图 5-8 “查看”(View)菜单

3. “查看”(View)菜单

“查看”(View)菜单中包含用于检查源代码和调试信息的各项命令，如图 5-8 所示。

图 5-8 中各主要命令的功能介绍如下。

- ClassWizard：建立类向导，编辑应用程序的类，并将资源与代码连接起来。
- Resource Symbols：浏览和编辑资源符号。资源符号是映射到整数值上的一串字符，可在源代码或资源编辑器中通过资源符号来引用资源。

- Resource Includes：修改资源符号文件名和预处理器指令。
- Full Screen：打开全屏显示模式。
- Workspace：打开工作区窗口，工作区窗口是位于工具栏左下方的子窗口。
- Output：打开输出窗口。
- Debug Windows：打开调试信息窗口。
- Refresh：刷新当前选定对象的内容。
- Properties：查看和打开源文件的文件名、大小等属性。

4. "插入"(Insert)菜单

"插入"(Insert)菜单中包含向当前项目中插入各种新内容的命令，如图 5-9 所示。图 5-9 中各主要命令的功能介绍如下。

- New Class：创建新类，并将其添加到当前项目中。选择该菜单命令后将打开"新建类"对话框，用户可在此对话框中设置新类的名称、基类及是否支持自动化等属性，Visual C++ 6.0 将会自动生成新类的头文件和实现文件。
- New Form：创建新表单，并将其添加到当前项目中，其使用方法与"新建类"命令相同。

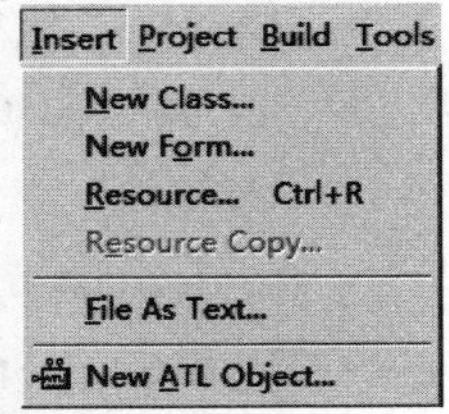

图 5-9 "插入"(Insert)菜单

- Resource：创建任何类型的资源。
- Resource Copy：创建选择资源的备份。
- File As Text：将一个已存在的文件插入到文档中当前光标处。
- New ATL Object：将一个新的 ATL 对象添加到当前项目中。

5. "工程"(Project)菜单

"工程"(Project)菜单中的各命令用于管理项目和项目工作区，如图 5-10 所示。图 5-10 中各主要命令的功能介绍如下。

- Set Active Project：选择指定项目为当前工作区中的活动项目。
- Add To Project：将文件、文件夹、数据连接、组件或控件添加到当前项目中。
- Dependencies：编辑项目的依赖关系。
- Settings：为项目配置指定不同的设置说明。
- Insert Project into Workspace：插入已有的项目到工作区中。

6. "编译"(Build)菜单

"编译"(Build)菜单中的各命令用于编译、创建、调试和执行应用程序，如图 5-11 所示。

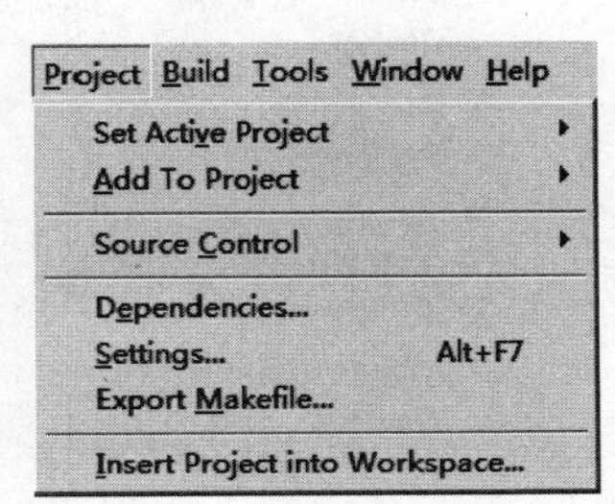

图 5-10 "工程"(Project)菜单

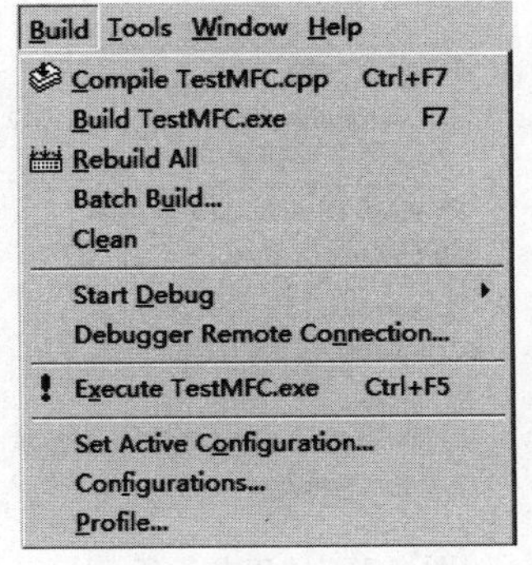

图 5-11 "编译"(Build)菜单

图 5-11 中各主要命令的功能介绍如下。

- Compile：用于编译当前在源代码编辑窗口中打开的文件，其编译结果（包括错误信息、警告信息等）将显示在输出窗口中。
- Build：用于生成项目，即编译、连接当前项目中所包含的所有文件。
- Rebuild All：重新进行编译和连接整个项目。
- Batch Build：用于一次生成多个项目。
- Clean：删除当前项目中的任何中间文件和输出文件。
- Start Debug：用于进行一些简单的调试工作。
- Debugger Remote Connection：编辑远程调试连接设备。
- Execute：执行程序。
- Set Active Configuration：设置当前活动项目的配置，Win32 Debug 或 Win32 Release。
- Configurations：编辑项目配置。
- Profile：剖析应用程序的运行行为，检查诊断代码的执行情况，以使程序能够更加高效地运行。

7. "工具"(Tools)菜单

"工具"(Tools)菜单中包含 Visual C++ 6.0 所提供的各种工具，如图 5-12 所示。

图 5-12 中各主要命令的功能介绍如下。

- Source Browser：启动源代码浏览器。
- Register Control：启动寄存器控制器。
- Customize：对命令、工具栏、工具菜单和键盘加速键等进行定制。
- Options：对 Visual C++ 6.0 的开发环境进行选择设置（如调试器设置、窗口设置、目录设置、工作区设置、兼容性设置和格式设置等）。
- Macro：用于创建和编辑宏文件。

8. "窗口"(Windows)菜单

"窗口"(Windows)菜单中包含用于设置 Visual C++ 6.0 开发环境中窗口属性的各项命令，如图 5-13 所示。

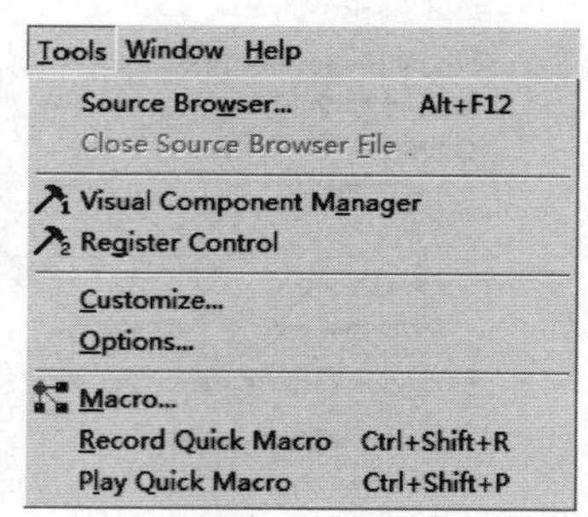

图 5-12 "工具"(Tools)菜单

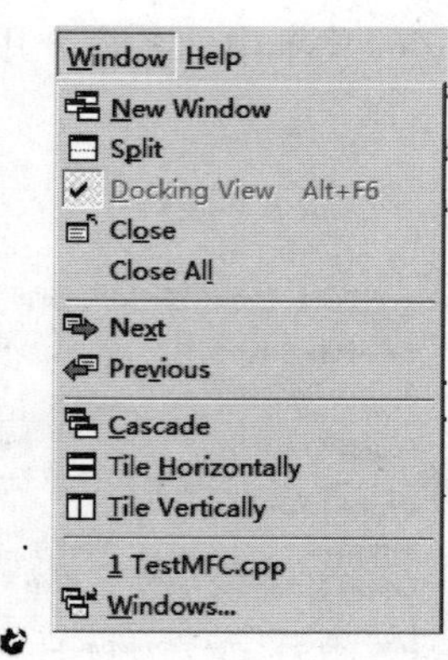

图 5-13 "窗口"(Windows)菜单

图 5-13 中各主要命令的功能介绍如下。

- New Window：为当前文档打开另一个窗口。
- Split：将窗口拆分为多个窗口。
- Close：关闭当前窗口。
- Close All：关闭所有打开的窗口。
- Next：打开上一个窗口。
- Previous：打开下一个窗口。
- Cascade：将所有打开的窗口由上向下重叠排列。
- Tile Horizontally：将工作区中所有打开窗口按照纵向排列的方式平铺。
- Tile Vertically：将工作区中所有打开窗口按照横向排列的方式平铺。
- Windows：文档窗口操作。

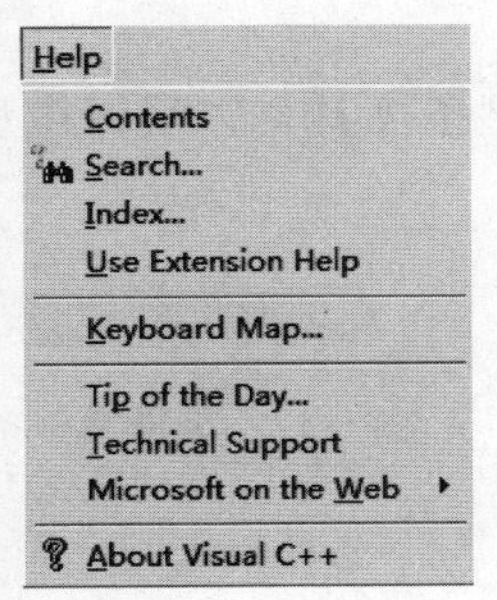

图5-14 “帮助”(Help)菜单

9. “帮助”(Help)菜单

“帮助”(Help)菜单如图 5-14 所示，通过“帮助”(Help)菜单用户可以了解 Visual C++ 6.0 的各种帮助信息。

图 5-14 中各主要命令功能介绍如下。

- Contents：按照内容分类显示 Visual C++ 6.0 的联机帮助信息。
- Search：按照搜寻的方式显示 Visual C++ 6.0 的联机帮助信息。
- Index：按照索引的方式显示 Visual C++ 6.0 的联机帮助信息。

5.2.3 Visual C++ 6.0 的工具栏

Visual C++ 6.0 的工具栏有很多不同的工具选项，用户可根据自己的爱好和习惯进行设置，如显示或隐藏某些工具选项。设置工具栏最直接的方法是在工具栏的空白处右击，然后在弹出的快捷菜单中选择相应的工具栏命令即可，如图 5-15 所示。

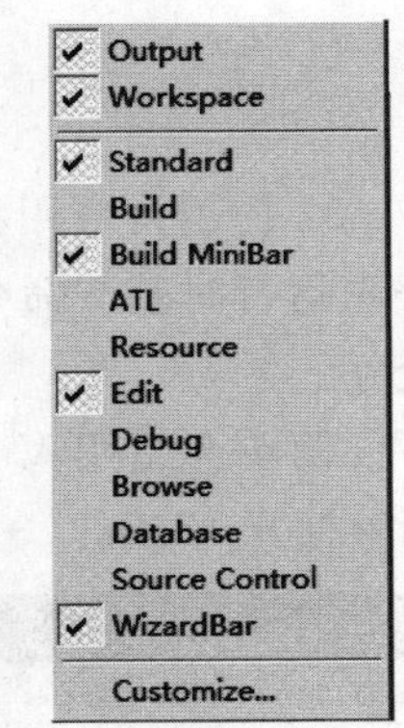

图 5-15 选择工具栏菜单

如图 5-15 所示，当选中 Standard 复选框时，将显示标准工具栏。标准工具栏主要包括文件、编辑操作的常用命令，如图 5-16 所示。

当鼠标移至工具栏的各工具图标上时，会出现与工具图标相对应的快捷操作提示。其中常用工具图标的功能介绍如下。

：创建新的文本文件。

：打开已有文档。

：保存文档。

：保存所有打开的文档。

：将选定内容剪切至剪贴板。

：将选定内容移动至剪贴板。

图 5-16　标准工具栏

：将剪贴板的内容粘贴至当前光标位置。

：撤销最近一次的编辑修改操作。

：恢复单击按钮所撤销的操作。

：打开/关闭“项目工作窗口”。

：打开/关闭“输出窗口”。

：打开“窗口”对话框。

：在文件中查找。

：搜索内容。

如图 5-15 所示，当选中 Build MiniBar 复选框时，将显示编译微型条工具栏。编译微型条工具栏提供了常用的编译、连接命令，如图 5-17 所示。

图 5-17 中常用图标的功能介绍如下：

图 5-17　编译微型条

：编译源代码文件。

：生成可执行程序。

：停止编译。

：编译并执行应用程序。

：单步执行。

：插入/撤销断点。

需要说明的是，上述工具栏上的按钮有时是处于未激活状态，例如，标准工具栏的复制按钮在没有选定对象前是灰色的，这时用户无法使用它。

5.3　建立控制台应用程序

Win32 控制台应用程序(Win32 Console Application)是可用 VC 开发的一种程序类型。这种程序运行时基于命令行窗口，不使用图形用户界面，通过几个标准的输入输出流与用户进行交互。

下面简单介绍用 Visual C++ 6.0 编写控制台应用程序的步骤。

(1) 打开 Visual C++ 6.0，选择 File→New 命令，如图 5-18 所示。

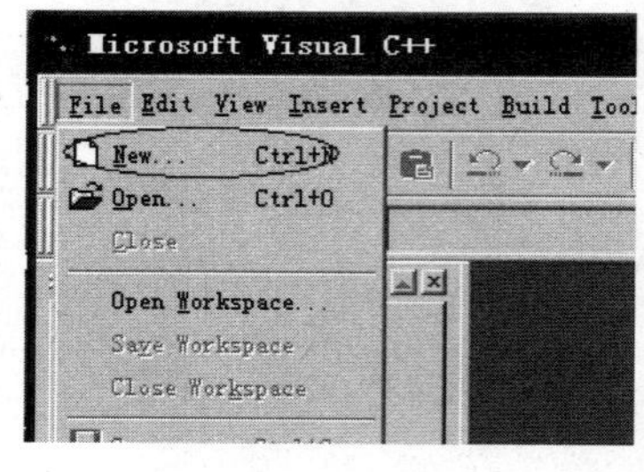

图 5-18　新建项目

(2) 在 New 对话框中，选择 Win32 Console Application 选项，输入项目名称，如图 5-19 所示。

(3) 在打开的创建程序向导中，选择控制台应用程序的类型，如图 5-20 所示。

图 5-20 中这些应用程序类型的区别在于：

- “一个空工程”仅创建控制台应用程序工程，不含任何代码文件。

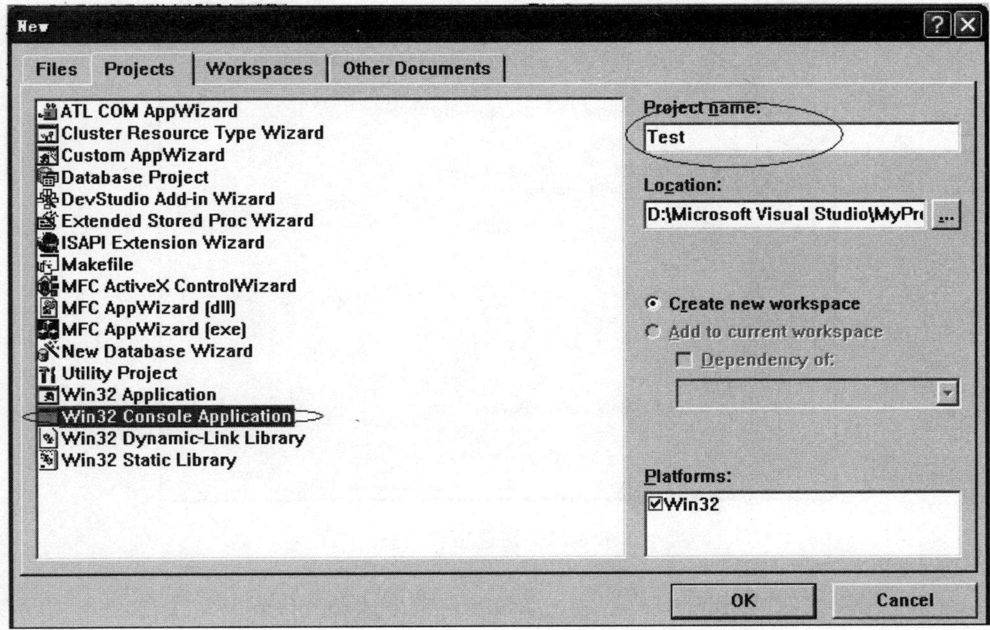

图 5-19　新建对话框

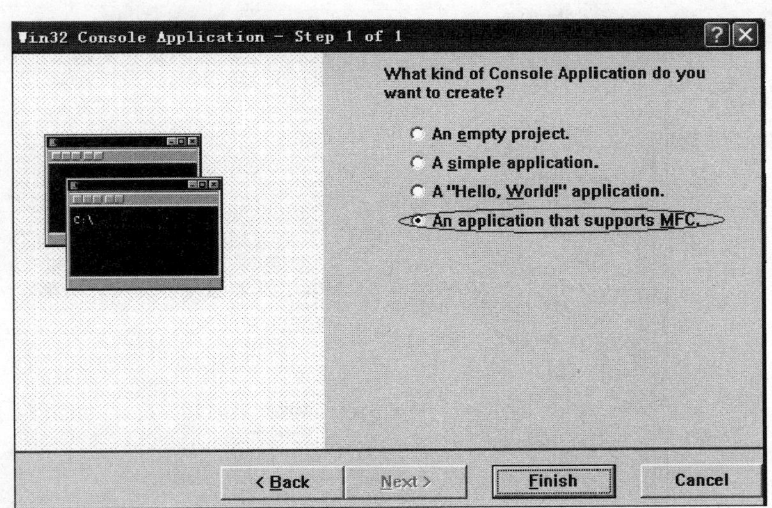

图 5-20　应用程序向导

- “一个简单的程序”是在“一个空工程”基础上添加了程序框架(有入口函数、#include 指令等)。
- “一个"Hello,World!"程序”在“一个简单的程序”基础上增加了 C 语言的 printf 函数调用,用来输出“Hello World!”。
- “一个支持 MFC 的程序”则是支持 MFC 的控制台应用程序框架。

(4) 单击 Finish 按钮,出现 New Project Information 对话框,如图 5-21 所示。

New Project Information
Win32 Console Application will create a new skeleton project with the following specifications:
+ Win32 Console application with MFC support.
Main: Test.cpp and Test.h
Precompiled Header: Stdafx.h and Stdafx.cpp
Resources: Resource.h and Test.rc
Project Directory:
D:\Microsoft Visual Studio\MyProjects\Test
OK
Cancel

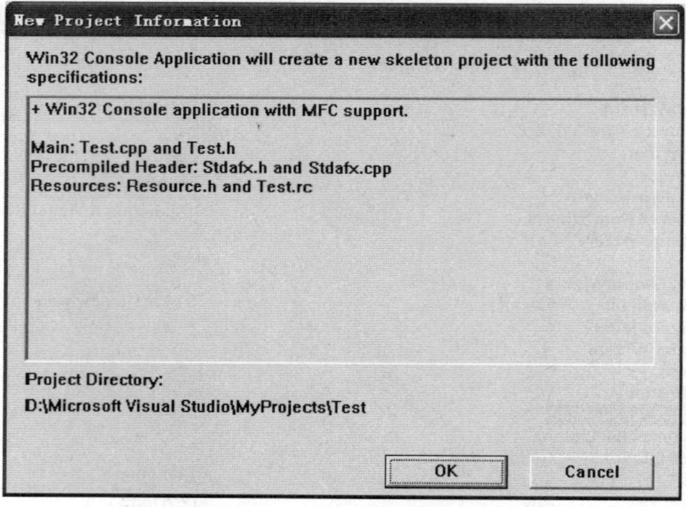

图 5-21　新建项目信息

(5) 单击 OK 按钮,完成项目的创建。系统会自动生成部分代码及文件,如图 5-22 所示。

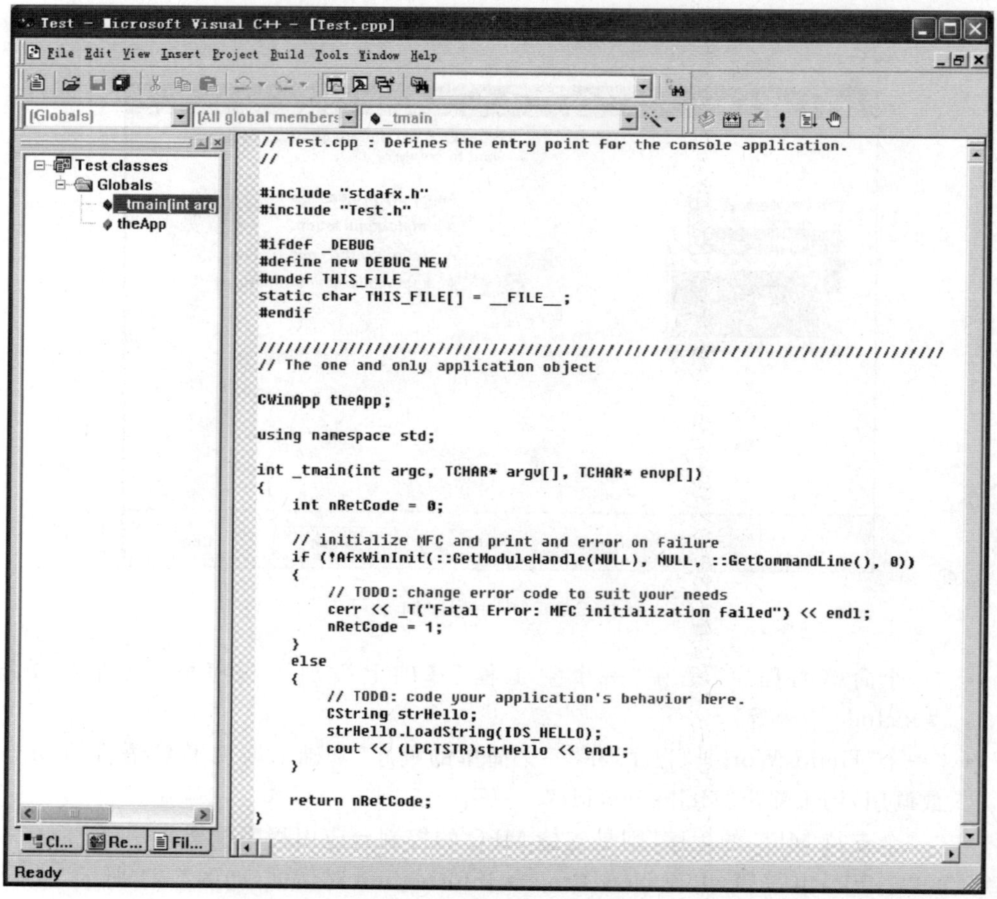

Test - Microsoft Visual C++ - [Test.cpp]
File Edit View Insert Project Build Tools Window Help
[Globals]
[All global members
_tmain
Test classes
Globals
_tmain(int arg
theApp
// Test.cpp : Defines the entry point for the console application.
//
#include "stdafx.h"
#include "Test.h"
#ifdef _DEBUG
#define new DEBUG_NEW
#undef THIS_FILE
static char THIS_FILE[] = __FILE__;
#endif
///
// The one and only application object
CWinApp theApp;
using namespace std;
int _tmain(int argc, TCHAR* argv[], TCHAR* envp[])
{
int nRetCode = 0;
// initialize MFC and print and error on failure
if (!AfxWinInit(::GetModuleHandle(NULL), NULL, ::GetCommandLine(), 0))
{
// TODO: change error code to suit your needs
cerr << _T("Fatal Error: MFC initialization failed") << endl;
nRetCode = 1;
}
else
{
// TODO: code your application's behavior here.
CString strHello;
strHello.LoadString(IDS_HELLO);
cout << (LPCTSTR)strHello << endl;
}
return nRetCode;
}
Cl...
Re...
Fil...
Ready

图 5-22　开发界面

(6) 单击工具栏上的编译和运行按钮,可运行该程序,运行界面如图 5-23 所示。

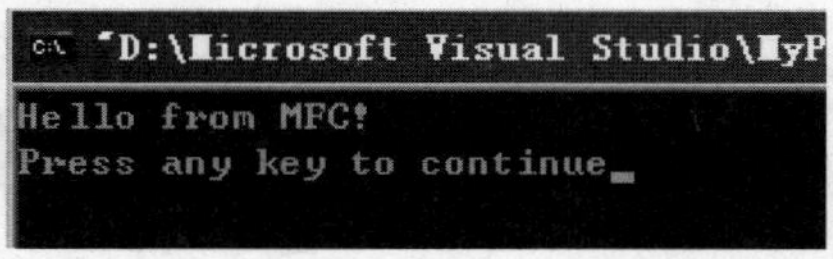

```
"D:\Microsoft Visual Studio\MyP
Hello from MFC!
Press any key to continue_
```

图 5-23　控制台程序的运行截图

第6章 Windows的进程管理

6.1 线程的创建与撤销

6.1.1 实验目的

1. 掌握线程的创建与撤销的方法。
2. 掌握控制台程序的编辑、编译与运行。

6.1.2 实验内容

编写一个控制台应用程序，在主线程中创建两个子线程，在子线程中按一定时间间隔输出提示信息。

6.1.3 实验指导

下面介绍相关API函数。

1. 线程创建：CreateThread()

函数原型：

```
HANDLE CreateThread(LPSECURITY_ATTRIBUTES lpThreadAttributes,
                    DWORD dwStackSize,
                    LPTHREAD_START_ROUTINE lpStartAddress,
                    LPVOID lpParameter,
                    DWORD dwCreationFlags,
                    LPDWORD lpThreadId);
```

参数说明：

(1) lpThreadAttributes为线程指定安全属性。在Windows 98中忽略该参数。在更高版本的Windows中，设为NULL，表示使用缺省值。

(2) dwStackSize为线程堆栈大小，一般等于0，在任何情况下，Windows根据需要动态延长堆栈的大小。

(3) lpStartAddress为指向线程要执行的函数的指针。

(4) lpParameter为向线程函数传递的参数，是一个指向结构的指针，不需传递参数时为NULL。

(5) dwCreationFlags为线程标志。

(6) lpThreadId为保存新线程的ID。

返回值：函数执行成功，返回线程句柄；失败返回 NULL。

2. 退出线程 ExitThread()

函数原型：

```
void ExitThread(DWORD dwExitCode);
```

参数说明：

dwExitCode 用于指定返回码，若为 0 表示退出所有线程。

返回值：该函数无返回值。

3. 终止线程 TerminateThread()

函数原型：

```
BOOL TerminateThread(
   HANDLE hThread,
   DWORD dwExitCode);
```

参数说明：

hThread 是被终止的线程的句柄；dwExitCode 是退出码。

返回值：TRUE 表示执行成功；FALSE 表示执行失败，可以调用函数 GetLastError() 获知失败原因。

4. 挂起线程 Sleep()

函数原型：

```
void Sleep( DWORD dwMilliseconds );
```

参数说明：

dwMilliseconds 表示挂起的时间，单位为毫秒。

返回值：该函数无返回值。

5. 关闭已打开对象的句柄 CloseHandle()

函数原型：

```
BOOL CloseHandle(
      HANDLE hObject
   );
```

参数说明：

hObject 表示一个已打开对象 handle。

返回值：TRUE 表示执行成功；FALSE 表示执行失败，可以调用函数 GetLastError() 获知失败原因。

6.1.4 参考程序

打开 VC，选择 File 菜单下的 New 命令，新建一个 Win 32 Console Application 项目，在接下来的创建向导中，选择“An empty project.”选项，创建一个空的控制台项目。然后选择 File 菜单下的 New 命令，新建一个 C/C++ Source File，在新建的源程序文件中输入如下代码：

```
//源程序名称: ThreadDemo.cpp
//功能描述: 用于演示线程的创建与撤销
#include <iostream>
#include <windows.h>
using namespace std;void TestThread1();
void TestThread2();
HANDLE hHandle1 = NULL;
HANDLE hHandle2 = NULL;                     //用于存储线程的句柄
DWORD dwThreadID1;
DWORD dwThreadID2;                          //用于存储线程的标识符
void main()
{
  hHandle1 = CreateThread((LPSECURITY_ATTRIBUTES) NULL,
                          0,
                          (LPTHREAD_START_ROUTINE) TestThread1,
                          (LPVOID) NULL,
                          0, &dwThreadID1);
  hHandle2 = CreateThread((LPSECURITY_ATTRIBUTES) NULL,
                          0,
                          (LPTHREAD_START_ROUTINE) TestThread2,
                          (LPVOID) NULL,
                          0, &dwThreadID2);
  Sleep(6000);                              //主线程挂起 6 秒
  CloseHandle(hHandle1);
  CloseHandle(hHandle2);
  printf("程序结束!\n");
  ExitThread(0);
}
void TestThread1()
{
  for(int i=0;i<5;i++)
  {
    cout<<"Hi! (测试线程 1 正在运行) "<<endl;
    Sleep(600);                             //停 0.6 秒,即每隔 0.6 秒输出 1 次
  }
}
void TestThread2()
{
  for(int i=0;i<5;i++)
  {
    cout<<"Hello!(测试线程 2 正在运行)"<<endl;
    Sleep(1000);                            //停 1 秒,即每隔 1 秒输出 1 次
  }
}
```

程序运行结果如图 6-1 所示。

图 6-1　线程的创建与撤销示例运行结果

6.2　线程的同步

6.2.1　实验目的

1. 进一步掌握 Windows 环境下线程的创建与撤销的方法。
2. 掌握线程同步相关的 API。

6.2.2　实验内容

编写一个控制台应用程序，在主线程中创建一个子线程，要求子线程先执行，主线程创建子线程后进入阻塞状态，直到子线程运行完毕后唤醒主线程。

6.2.3　实验指导

下面介绍相关 API 函数。

1. 等待对象 WaitForSingleObject()

用于等待一个对象。它等待的对象可以为以下对象之一。

- Change notification：变化通知。
- Console input：控制台输入。
- Event：事件。
- Job：作业。
- Mutex：互斥信号量。
- Process：进程。
- Semaphore：计数信号量。
- Thread：线程。
- Waitable timer：定时器。

函数原型：

```
DWORD WaitForSingleObject(
    HANDLE hHandle,
    DWORD dwMilliseconds
  );
```

参数说明：

(1) hHandle 为等待对象的对象句柄，该对象句柄必须为 SYNCHRONIZE 访问。

(2) dwMilliseconds 为等待时间，单位为 ms，若该值为 0，函数在测试对象的状态后立即返回，若为 INFINITE，函数一直等待下去，直到接收到一个信号将其唤醒。

返回值：如果失败，返回 WAIT_FAILED；如果此函数成功，该函数的返回值表示引起该函数返回的事件。具体的返回值如下。

- WAIT_ABANDONED(0x00000080L)：指定的对象是一个互斥对象，该对象没有被拥有该对象的线程在线程结束前释放。互斥对象的所有权被同意授予调用该函数的线程。互斥对象被设置成为无信号状态。
- WAIT_OBJECT_0 (0x00000000L)：指定的对象处于有信号状态。
- WAIT_TIMEOUT (0x00000102L)：超过等待时间，指定的对象处于无信号状态。

2. 等待多个对象 WaitForMultipeObject()

在指定时间内等待多个对象，它等待的对象与 WaitForSingleObject()相同。

函数原型：

```
DWORD WaitForMultipeObject(
     DWORD nCount,
     CONST HANDLE * lpHandles,
     BOOL fWaitAll,
     DWORD dwMilliseconds
  );
```

参数说明：

(1) nCount——由指针 * lpHandles 指定的句柄数组中的句柄数，最大数是 MAXIMUM_WAIT_OBJECTS。

(2) lpHandles——指向对象句柄数组的指针。

(3) fWaitAll——等待类型。若为 TRUE，当由 lpHandles 数组指定的所有对象被唤醒时函数返回；若为 FALSE，当由 lpHandles 数组指定的某一个对象被唤醒时函数返回，且由返回值说明是由于哪个对象引起的函数返回。

(4) dwMilliseconds——等待时间，单位为 ms。若该值为 0，函数测试对象的状态后立即返回；若为 INFINITE，函数一直等待下去，直到接收到一个信号将其唤醒。

返回值：如果成功返回，其返回值说明是何种事件导致函数返回。

3. 创建信号量 CreateSemaphore()

函数原型：

```
HANDLE CreateSemaphore(
     LPSECURITY_ATTRIBUTES lpSemaphoreAttributes,
     LONG lInitialCount,
     LONG lMaximumCount,
     LPCTSTR lpName
  );
```

参数说明：

(1) lpSemaphoreAttributes——指定安全属性，为 NULL 时，信号量得到一个默认的安全描述符。

(2) lInitialCount——指定信号量对象的初始值。该值必须大于等于 0，小于等于 lMaximumCount。当其值大于 0 时，信号量被唤醒。当该函数释放了一个等待该信号量的线程时，lInitialCount 值减 1，当调用函数 ReleaseSemaphore()，按其指定的数量加一个值。

(3) lMaximumCount——信号量的最大值，该值必须大于 0。

(4) lpName——信号量的名字。

返回值：信号量创建成功，将返回该信号量的句柄。如果给出的信号量已经存在，则返回这个已存在信号量的句柄；如果失败，系统返回 NULL，可以调用函数 GetLastError()查询失败的原因。

4. 打开信号量 OpenSemaphore()

函数原型：

```
HANDLE OpenSemaphore(
        DWORD dwDesiredAccess,
        BOOL bInheritHandle,
        LPCTSTR lpName
    );
```

参数说明：

(1) dwDesiredAccess——指出打开后要对信号量进行何种访问。

(2) bInheritHandle——指出返回的信号量句柄是否可以继承。

(3) lpName——信号量的名字。

返回值：

信号量打开成功，将返回该信号量的句柄。如果失败，则返回 NULL，可以调用函数 GetLastError()查询失败的原因。

5. 增加信号量的值 ReleaseSemaphore()

函数原型：

```
BOOL ReleaseSemaphore(
        HANDLE hSemaphore,
        LONG lReleaseCount,
        LPLONG lpPreviousCount
    );
```

参数说明：

(1) hSemaphore——创建或打开信号量时给出的信号量对象句柄。Windows NT 中建议要使用 SEMAPHORE_MODIFY_STATE 访问属性打开该信号量。

(2) lReleaseCount——信号量要增加的数值。该值必须大于 0。如果增加该值后，大于信号量创建时给出的 lMaximumCount 值，则增加操作失败，函数返回 FALSE。

(3) lpPreviousCount——接收信号量值的一个 32 位的变量。若不需要接收该值，可以指定为 NULL。

返回值：如果成功，将返回一个非0值；如果失败，则返回0，可以调用函数 GetLastError() 查询失败的原因。

6.2.4 参考程序

打开 VC，选择 File 菜单下的 New 命令，新建一个 Win 32 Console Application 项目，在接下来的创建向导中，选择“An empty project.”选项，创建一个空的控制台项目。然后选择 File 菜单下的 New 命令，新建一个 C/C++ Source File，在新建的源程序文件中编写 C 程序，在程序中使用 CreateSemaphore 创建一个信号量，信号量的初始值为 0，之后使用 OpenSemaphore 打开该信号量，访问标志用 SYNCHRONIZE|SEMAPHORE_MODIFY_STATE，以便之后可以使用 WaitForSingleObject 等待该信号量及使用 ReleaseSemaphore 释放该信号量，然后创建一个子线程，并调用 WaitForSingleObject 等待子线程结束。子线程结束后，调用 ReleaseSemaphore 释放信号量，使信号量的值加 1，唤醒主线程。

```
//源程序名称：ThreadSync.cpp
//功能描述：线程的同步示例
#include <iostream>
#include <windows.h>
using namespace std;
HANDLE hThread;
HANDLE hHandle = NULL;
void test();
void main()
{
  DWORD dwThreadID;
  DWORD dwRtn;
  //创建信号量 S1
  hHandle = CreateSemaphore(NULL,0,1,"S1");
  if    (hHandle== NULL)
    cout <<"创建信号量失败!"<< endl;
  else
    cout <<"信号量创建成功!"<< endl;
  //打开信号量 S1
  hHandle = OpenSemaphore(SYNCHRONIZE|SEMAPHORE_MODIFY_STATE,NULL,"S1");
  if    (hHandle== NULL)
    cout <<"信号量打开失败!"<< endl;
  else
    cout <<"信号量打开成功!"<< endl;
  //创建子线程
  hThread = CreateThread((LPSECURITY_ATTRIBUTES)NULL,
                         0,
                         (LPTHREAD_START_ROUTINE)test,
                         (LPVOID)NULL,
                         0,
                         &dwThreadID);
  if (hThread== NULL)
     cout <<"线程创建失败!"<< endl;
  else
```

```
        cout <<"线程创建成功!"<< endl;
    dwRtn = WaitForSingleObject(hHandle,INFINITE);              //等待子线程结束
    if (dwRtn== WAIT_TIMEOUT)
        cout <<"TIMEOUT!"<< endl;
    else if (dwRtn== WAIT_OBJECT_0)
        cout <<"WAIT_OBJECT!"<< endl;
    else if (dwRtn== WAIT_ABANDONED)
        cout <<"WAIT_ABANDONED!"<< endl;
    CloseHandle(hThread);
    CloseHandle(hHandle);
    cout <<"主线程结束!"<< endl;
    ExitThread(0);
}
void test()
{
    for(int i=0;i<5;i++)
    {
        cout <<"子线程正在运行!"<< endl;
        Sleep(500);
    }
    cout <<"子线程运行结束!"<< endl;
    ReleaseSemaphore(hHandle,1,NULL);                            //唤醒主线程
}
```

运行结果如图 6-2 所示。

图 6-2 线程的同步示例运行结果

6.3 线程的互斥

6.3.1 实验目的

1. 熟练掌握 Windows 环境下线程的创建与撤销。
2. 掌握线程互斥相关的 API 函数。

6.3.2 实验内容

在主线程中创建两个子线程,并使两个子线程互斥地使用同一全局变量。要求能正确使用临界区对象,包括初始化临界区、进入临界区、退出临界区及删除临界区,完成两个子线

程之间的互斥。

6.3.3 实验指导

下面介绍相关的 API 函数。

1. 临界区对象初始化 InitializeCriticalSection()

函数原型：

```
void InitializeCriticalSection(
        LPCRITICAL_SECTION lpCriticalSection
    );
```

参数说明：lpCriticalSection 为指向临界区对象的指针。

返回值：该函数没有返回值。

2. 进入临界区 EnterCriticalSection()

等待对临界区的使用权限，当获得该权限后则进入临界区。

函数原型：

```
VOID EnterCriticalSection(
      LPCRITICAL_SECTION lpCriticalSection
   );
```

参数说明：lpCriticalSection 为指向临界区对象的指针。

返回值：该函数没有返回值。

3. 退出临界区 LeaveCriticalSection()

释放对临界区的使用权限。

函数原型：

```
VOID LeaveCriticalSection(
      LPCRITICAL_SECTION lpCriticalSection
   );
```

参数说明：lpCriticalSection 为指出临界区对象的地址。

返回值：该函数没有返回值。

4. 删除临界区 DeleteCriticalSection()

删除与临界区有关的所有系统资源。

函数原型：

```
VOID DeleteCriticalSection(
      LPCRITICAL_SECTION lpCriticalSection
   );
```

参数说明：lpCriticalSection 为指出临界区对象的地址。

返回值：该函数没有返回值。

6.3.4 参考程序

打开 VC，选择 File 菜单下的 New 命令，新建一个 Win 32 Console Application 项目，在接

下来的创建向导中，选择"An empty project."选项，创建一个空的控制台项目。然后选择 File 菜单下的 New 命令，新建一个 C/C++ Source File，在新建的源程序文件中编写 C 程序，在主线程中使用 InitializeCriticalSection()初始化临界区，然后建立两个子线程，在两个子线程中使用全局变量 count 的前、后分别使用 EnterCriticalSection()进入临界区及使用 LeaveCriticalSection()退出临界区，等两个子线程运行完毕，主线程使用 DeleteCriticalSection()删除临界区并撤销线程。

```
//源程序名称: ThreadExclusion.cpp
//功能描述: 用于演示线程的互斥
#include <iostream>
#include <windows.h>
using namespace std;
int count = 0;                                  //在子线程中要互斥访问的全局变量
HANDLE h1;
HANDLE h2;
LPCRITICAL_SECTION hCriticalSection;            //指向临界区对象的指针
CRITICAL_SECTION Critical;                      //临界区对象
void test1();
void test2();
void main()
{
  DWORD dwThreadID1,dwThreadID2;
  hCriticalSection = &Critical;
     //初始化临界区
  InitializeCriticalSection(hCriticalSection);
     //创建子线程 1
  h1 = CreateThread((LPSECURITY_ATTRIBUTES)NULL,
                    0,
                    (LPTHREAD_START_ROUTINE)test1,
                    (LPVOID)NULL,
                    0,
                    &dwThreadID1);
  if (h1 == NULL)
     cout <<"子线程 1 创建失败!"<< endl;
  else
     cout <<"子线程 1 创建成功!"<< endl;
     //创建子线程 2
  h2 = CreateThread((LPSECURITY_ATTRIBUTES)NULL,
                    0,
                    (LPTHREAD_START_ROUTINE)test2,
                    (LPVOID)NULL,
                    0,
                    &dwThreadID2);
  if (h2 == NULL)
     cout <<"子线程 2 创建失败!"<< endl;
  else
     cout <<"子线程 2 创建成功!"<< endl;
  Sleep(3000);                                  //主线程挂起 3000ms,等待子线程执行完毕
```

```
  CloseHandle(h1);
  CloseHandle(h2);
  DeleteCriticalSection(hCriticalSection);          //释放临界区
  cout <<"主线程结束"<< endl;
  ExitThread(0);
}
void test1()
{
    //进入临界区
  EnterCriticalSection(hCriticalSection);
  for(int i = 0;i < 5;i++)
  {
    Sleep(300);                                     //挂起 300ms
    count = count + 1;
    cout <<"全局变量 count 当前值为"<< count <<"(在子线程 1 中)"<< endl;
  }
    //退出临界区
  LeaveCriticalSection(hCriticalSection);
}
void test2()
{
    //进入临界区
  EnterCriticalSection(hCriticalSection);
  for(int i = 0;i < 5;i++)
  {
    Sleep(100); //挂起 100ms
    count = count + 1;
    cout <<"全局变量 count 当前值为"<< count <<"(在子线程 2 中)"<< endl;
  }
    //退出临界区
  LeaveCriticalSection(hCriticalSection);
}
```

程序运行结果如图 6-3 所示。

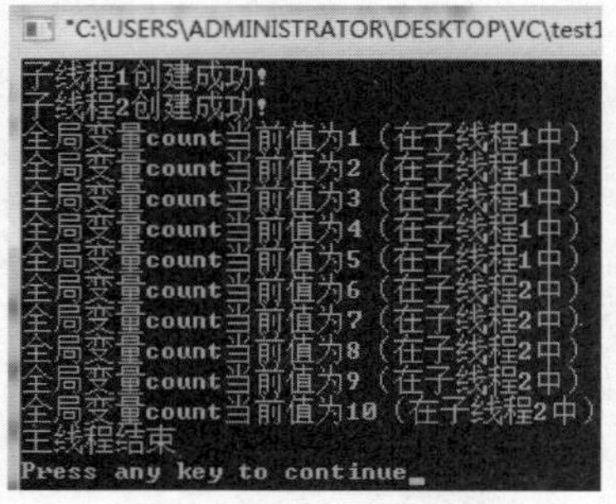

图 6-3　线程的互斥示例运行结果

6.4 线程的同步实例(哲学家就餐问题)

6.4.1 实验目的

1. 熟悉经典的进程同步问题。
2. 了解 Windows 中多线程的并发执行机制,线程间的同步和互斥。
3. 学习使用 Windows 中基本的同步对象,掌握相应的 API。

6.4.2 实验内容

在 1971 年,著名的计算机科学家艾兹格·迪科斯彻提出了一个同步问题,即假设有 5 台计算机都试图访问 5 份共享的磁带驱动器。后来,这个问题被托尼·霍尔重新表述为哲学家就餐问题,该问题可以用来解释死锁和资源耗尽。

哲学家就餐问题描述:5 个哲学家围坐在一张圆桌周围,每个哲学家面前都有一盘通心粉。由于通心粉很光滑,所以需要两把叉子才能夹住,相邻两个盘子之间放有一把叉子。哲学家的生活中有两种交替活动时段,即吃饭和思考。当一个哲学家觉得饿了时,他就试图分两次去取其左边和右边的叉子,每次拿到一把,但不分次序。如果成功地得到了两把叉子,就开始吃饭,吃完后放下叉子继续思考。请为哲学家写一段描述其行为的程序,且绝不会死锁。

6.4.3 实验指导

下面介绍相关的 API 函数。

1. 创建互斥对象:CreateMutex()

函数原型:

```
HANDLE CreateMutex(
      LPSECURITY_ATTRIBUTES lpMutexAttributes,
      BOOL bInitialOwner,
      LPCTSTR lpName
   );
```

参数说明:

(1) lpMutexAttributes——指定安全属性,为 NULL 时,信号量得到一个默认的安全描述符。

(2) bInitialOwner——指定初始的互斥对象。如果该值为 TRUE 并且互斥对象已经存在,则调用线程获得互斥对象的所有权,否则调用线程不能获得互斥对象的所有权。想要知道互斥对象是否已经存在,参见返回值说明。

(3) lpName——给出互斥对象的名字。

返回值:互斥对象创建成功,将返回该互斥对象的句柄。如果给出的互斥对象是系统已经存在的互斥对象,将返回这个已存在互斥对象的句柄;如果失败,系统返回 NULL,可以调用函数 GetLastError()查询失败的原因。

2. 为现有的一个已命名互斥对象创建一个新句柄：OpenMutex()

函数原型：

```
HANDLE OpenMutex(
        DWORD dwDesiredAccess,
        BOOL bInherithandle,
        LPCTSTR lpName
   );
```

参数说明：

(1) dwDesiredAccess——指出打开后要对互斥对象进行何种访问，可取如下值：

- MUTEX_ALL_ACCESS 请求对互斥体的完全访问。
- MUTEX_MODIFY_STATE 允许使用 ReleaseMutex 函数。
- SYNCHRONIZE 允许互斥体对象同步使用。

(2) bInherithandle——如希望子进程能够继承句柄，则为 TRUE，否则为 FALSE。

(3) lpName——给出信号量的名字。

返回值：互斥对象打开成功，将返回该互斥对象的句柄。如果失败，系统返回 NULL，可以调用函数 GetLastError()查询失败的原因。

3. 释放互斥对象：ReleaseMutex()

函数原型：

```
BOOL ReleaseMutex(
        HANDLE hMutex
   );
```

参数说明：hMutex 为 Mutex 对象的句柄。CreateMutex()和 OpenMutex()函数返回该句柄。

返回值：如果成功，将返回一个非 0 值；如果失败，系统返回 NULL，可以调用函数 GetLastError()查询失败的原因。

6.4.4 参考程序

打开 VC，选择 File 菜单下的 New 命令，新建一个 Win 32 Console Application 项目，在接下来的创建向导中，选择“An empty project.”选项，创建一个空的控制台项目。然后选择 File 菜单下的 New 命令，新建一个 C/C++ Source File，在新建的源程序文件中输入如下代码：

```
//源程序名称：Philosopher.cpp
//功能描述：用于演示哲学家就餐问题
#include <iostream>
#include <windows.h>
using namespace std;
#define N 5                                    //哲学家的数量
```

```
#define R(x) (x)                                //哲学家x右边的叉子
#define L(x) ((x+1)%N)                          //哲学家x左边的叉子
HANDLE hMutex[N];
void MyThread(LPVOID lpParameter);
//拿起左右两边的叉子
void pick_up(int me)
{
  if(me==0)
  {
     WaitForSingleObject(hMutex[L(me)],INFINITE);
     printf("哲学家%d拿起%d号叉子\n",me,L(me));
     Sleep(1000);
     WaitForSingleObject(hMutex[R(me)],INFINITE);
     printf("哲学家%d拿起%d号叉子\n",me,R(me));
     Sleep(1000);
  }
  else
  {
     WaitForSingleObject(hMutex[R(me)],INFINITE);
     printf("哲学家%d拿起%d号叉子\n",me,R(me));
     Sleep(1000);
     WaitForSingleObject(hMutex[L(me)],INFINITE);
     printf("哲学家%d拿起%d号叉子\n",me,L(me));
     Sleep(1000);
  }
}
//放下叉子
void put_down(int me)
{
  ReleaseMutex(hMutex[R(me)]);
  ReleaseMutex(hMutex[L(me)]);
}
void MyThread(LPVOID lpParameter)
{
  int* me=(int*)lpParameter;
  pick_up(*me);
  Sleep(1000);
  printf("哲学家%d开始吃饭...\n",*me);
  Sleep(1000);
  printf("哲学家%d吃完饭放下他所用的叉子\n",*me);
  printf("哲学家%d开始思考...\n",*me);
  put_down(*me);
}
void main()
{
  int ThrdNo[5];
  DWORD dwThread;
  int i;
  for(i=0;i<N;i++)
```

```
    hMutex[i] = CreateMutex(NULL,FALSE,NULL);        //创建互斥对象
  for(i = 0;i < N;i++)
  {
    ThrdNo[i] = i;
    CreateThread(NULL,
                 0,
                 (LPTHREAD_START_ROUTINE)MyThread,
                 &ThrdNo[i],
                 NULL,
                 &dwThread
              );
  }
  Sleep(20000);
  printf("主线程结束!\n");
  ExitThread(0);
}
```

程序运行结果如图 6-4 所示。

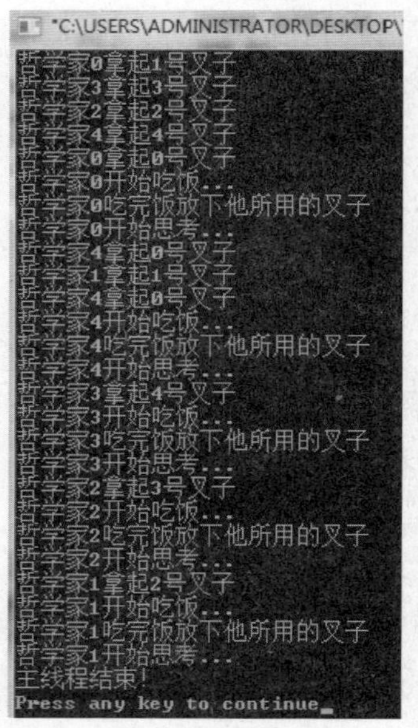

图 6-4　哲学家就餐问题示例运行结果

6.5　使用有名管道实现进程通信

6.5.1　实验目的

1. 了解 Windows 环境下的进程通信机制。
2. 熟悉进程通信的相关 API。

6.5.2 实验内容

使用有名管道完成两个进程之间的通信。

6.5.3 实验指导

下面介绍相关的 API 函数。

1. 建立有名管道：CreateNamePipe()

创建一个有名管道实例，并返回该管道的句柄。

函数原型：

```
HANDLE CreateNamePipe(
    LPCTSTR lpName,
    DWORD dwOpenMode,
    DWORD dwPipeMode,
    DWORD nMaxInstances,
    DWORD nOutBufferSize,
    DWORD nInBufferSize,
    DWORD nDefaultTimeOut,
    LPSECURITY_ATTRIBUTES lpSecurityAttributes
);
```

参数说明：

(1) lpName——有名管道的名字，管道的有名方式为\\ServerName\pipe\pipename，其中 ServerName 为用有名管道通信时服务器的主机名或 IP 地址，pipename 为有名管道的名字，用户可自行定义。

(2) dwOpenMode——指出有名管道的访问模式。

(3) dwPipeMode——指出管道的模式。

(4) nMaxInstances——该有名管道可以创建实例的最大值。

(5) nOutBufferSize——输出缓冲区的大小，以字节为单位。

(6) nInBufferSize——输入缓冲区的大小，以字节为单位。

(7) nDefaultTimeOut——默认的超时时间，以 ms 为单位。如果函数 WaitNamePipe()指定 NMPWAIT_USE_DEFAULT_WAIT，每个管道实例必须指定同一值的名字。

(8) lpSecurityAttributes——为管道指定安全属性，为 NULL 时，管道得到一个默认的安全描述符。

返回值：如果管道创建成功，将返回服务器有名管道实例的句柄。如果失败，返回 INVALID_HANDLE_VALUE，可以调用函数 GetLastError()查询失败的原因；当返回 ERROR_INVALID_PARAMETERS 时，表明参数 nMaxInstances 指定的值大于 PIPE_UNLIMITED_INSTANCES。

2. 连接有名管道：ConnectNamePipe()

服务器用该函数连接有名管道。

函数原型：

```
BOOL ConnectNamedPipe(
      HANDLE hNamedPipe,
      LPOVERLAPPED lpOverlapped
   );
```


参数说明：

(1) hNamedPipe——为有名管道创建时得到的一个有名管道实例句柄。

(2) lpOverlapped——指向 Overlapped 结构的指针，可设其为 NULL。

返回值：若成功，将返回一个非 0 值；若失败，系统返回 0，可以调用函数 GetLastError() 查询失败的原因。

3. 断开有名管道的连接：DisconnectNamePipe()

函数原型：

```
BOOL DisconnectNamedPipe(
      HANDLE hNamedPipe
   );
```

参数说明：hNamedPipe 为有名管道实例句柄。

返回值：若成功，将返回一个非 0 值；若失败，系统返回 0，可以调用函数 GetLastError() 查询失败的原因。

4. 客户端连接服务器已建立的有名管道：CallNamePipe()

函数原型：

```
BOOL CallNamedPipe(
      LPCTSTR lpNamedPipeName,
      LPVOID lpInBuffer,
      DWORD nInBufferSize,
      LPVOID lpOutBuffer,
      DWORD nOutBufferSize,
      LPDWORD lpBytesRead,
      DWORD nTimeOut
   );
```

参数说明：

(1) lpNamedPipeName——有名管道的名字。

(2) lpInBuffer——指出用于输出数据(向管道写数据)的缓冲区的指针。

(3) nInBufferSize——用于输出数据缓冲区的大小，以字节为单位。

(4) lpOutBuffer——指出用于接收数据(从管道读出数据)的缓冲区指针。

(5) nOutBufferSize——指向用于接收数据缓冲区的大小，以字节为单位。

(6) lpBytesRead——一个 32 为的变量，该变量用于存储从管道读出的字节数。

(7) nTimeOut——等待有名管道成为可用状态的时间，单位为 ms。

返回值：若成功，将返回一个非 0 值；若失败，系统返回 0，可以调用函数 GetLastError() 查询失败的原因。

5. 客户端等待有名管道：WaitNamedPipe()

函数原型：

```
BOOL WaitNamedPipe(
        LPCTSTR lpNamedPipeName,
        DWORD nTimeOut
    );
```

参数说明：lpNmaedPipeName 为要等待的有名管道的名字；nTimeOut 为等待有名管道成为可用状态的时间，单位为 ms。

返回值：在等待时间内要连接的有名管道可以使用，将返回一个非 0 值；在等待时间内要连接的有名管道不可以使用，系统返回 0，可以调用函数 GetLastError()查询失败的原因。

6.5.4 参考程序

完成两个进程之间的通信，需要建立两个工程文件，在 Microsoft Visual C++ 6.0 环境下建立服务器工程文件 PipeServe 和客户端工程文件 PipeClient。在服务器程序中，首先使用 CreateNamePipe()创建一个有名管道；然后使用 ConnectNamePipe()连接有名管道，如果有名管道连接成功，可以使用读文件函数 ReadFile()从管道中读取数据，并可使用写文件函数 WriteFile()向管道中写入数据，管道使用完毕后可以使用 DisconnectNamePipe()拆除与有名管道的连接。在客户端程序中，可以先使用 WaitNamedPipe()等待服务器建立好有名管道；然后使用 CallNamePipe()与服务器建立有名管道的连接，并同时得到服务器发来的数据或向服务器发送数据。

```
//源程序名称：Server.cpp
//功能描述：服务器端程序
#include <iostream>
#include <windows.h>
using namespace std;
void main()
{
  BOOL rc;
  HANDLE hPipeHandle;
  char lpName[] = "\\\\.\\pipe\\myPipe";
  char InBuf[50] = "";
  char OutBuf[50] = "";
  DWORD BytesRead,BytesWrite;
  cout <<"服务器端程序已启动!"<< endl;
  //创建有名管道
  hPipeHandle = CreateNamedPipe(
            (LPCTSTR)lpName,
            PIPE_ACCESS_DUPLEX|FILE_FLAG_OVERLAPPED|WRITE_DAC,
            PIPE_TYPE_MESSAGE|PIPE_READMODE_BYTE|PIPE_WAIT,
            1,20,30,
            NMPWAIT_USE_DEFAULT_WAIT,
            (LPSECURITY_ATTRIBUTES)NULL
        );
  if ((hPipeHandle== INVALID_HANDLE_VALUE) || (hPipeHandle== NULL))
  {
```

```
        cout <<"服务器端管道创建失败!"<< endl;
        return;
    }
    else
    {
        cout <<"服务器端管道创建成功!"<< endl;
    }
    while (1)
    {
        rc = ConnectNamedPipe(hPipeHandle,(LPOVERLAPPED)NULL);
        if (rc== 0)
        {
            cout <<"服务器端管道连接失败!"<< endl;
            return;
        }
        else
        {
            cout <<"服务器端管道连接成功!"<< endl;
        }
        strcpy(InBuf,"");
        strcpy(OutBuf,"");
        rc = ReadFile(hPipeHandle,InBuf,sizeof(InBuf),&BytesRead,(LPOVERLAPPED)NULL);
        if (rc== 0 && BytesRead== 0 )
        {
            cout <<"服务器端从管道读数据失败!"<< endl;
            return;
        }
        else
        {
            cout <<"服务器端从管道读数据成功!"<< endl
            <<"从客户端传来的消息是"<< InBuf << endl;
        }
        rc = strcmp(InBuf,"end");                //客户端传来"end"则结束程序
        if (rc== 0)
            break;
        cout <<"请输入发往客户端的消息: ";
        cin >> OutBuf;
        rc = WriteFile(hPipeHandle,OutBuf,sizeof(OutBuf),&BytesWrite,(LPOVERLAPPED)NULL);
        if (rc== 0)
            cout <<"服务器端向管道写数据失败!"<< endl;
        else
            cout <<"服务器端向管道写数据成功!"<< endl;
        DisconnectNamedPipe(hPipeHandle);
        rc = strcmp(OutBuf,"end");               //输入"end"则结束
        if (rc== 0)
            break;
    }
    cout <<"程序结束!"<< endl;
    CloseHandle(hPipeHandle);
```

```
}

//源程序名称: Client.cpp
//功能描述: 客户端程序
#include <iostream>
#include <windows.h>
using namespace std;
void main()
{
  BOOL rc = 0;
  char lpName[] = "\\\\.\\pipe\\myPipe";
  char InBuf[50] = "";
  char OutBuf[50] = "";
  DWORD BytesRead;
  cout <<"客户端程序已启动!"<< endl;
  while (1)
  {
    strcpy(InBuf,"");
    strcpy(OutBuf,"");
    cout <<"请输入消息: ";
    cin >> InBuf;
    rc = strcmp(InBuf,"end");
    if    (rc== 0)                 //若输入"end",则结束
    {
      rc = CallNamedPipe(lpName,InBuf, sizeof(InBuf),
                    OutBuf,
                    sizeof(OutBuf) ,
                    &BytesRead,
                    NMPWAIT_USE_DEFAULT_WAIT
                );
      break;
    }
    rc = WaitNamedPipe(lpName,NMPWAIT_WAIT_FOREVER);
    if (rc== 0)
    {
      cout <<"等待有名管道失败!"<< endl;
      return;
    }
    else
    {
      cout <<"等待有名管道成功!"<< endl;
    }
    rc = CallNamedPipe(lpName,
                InBuf,
                sizeof(InBuf),
                OutBuf,
                sizeof(OutBuf) ,
                &BytesRead,
                NMPWAIT_USE_DEFAULT_WAIT
            );
```

```
        if (rc== 0)
        {
          cout <<"连接服务器有名管道失败!"<< endl;
          exit(1);
        }
        else
        {
          cout <<"连接服务器有名管道成功!"<< endl
            <<"从服务器传来的消息是"<< OutBuf << endl;
        }
        rc = strcmp(OutBuf,"end"); //接收到"end"则结束
        if    (rc== 0)
          break;
    }
    cout <<"程序结束!"<< endl;
}
```

程序运行结果如图 6-5 所示。

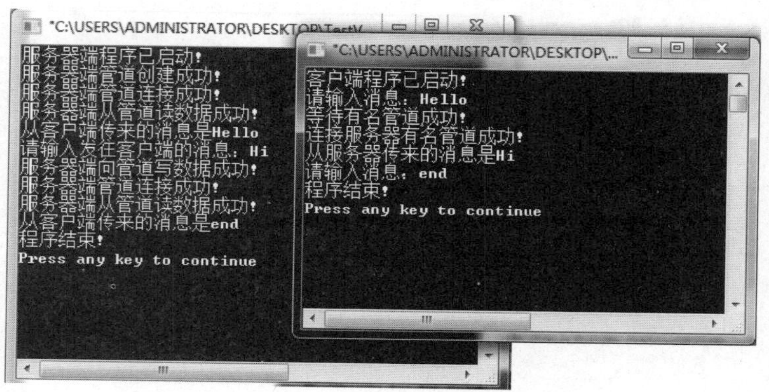

图 6-5　管道通信示例运行结果

第7章 Windows 内存管理

7.1 动态链接库的建立与调用

7.1.1 实验目的

1. 理解 Windows 系统动态链接库的实现原理。
2. 熟悉动态链接库的创建和使用。

7.1.2 实验内容

在 Windows 环境下建立一个动态链接库,使用隐式调用和显式调用方法调用该动态链接库。

7.1.3 实验指导

1. 动态链接库简介

动态链接库英文简称为 DLL,是 Dynamic Link Library 的缩写,DLL 不是可执行文件,而是一个包含可由多个程序同时使用的代码和数据的库。动态链接库提供了一种方法,使进程可以调用不属于其可执行代码的函数,函数的可执行代码位于一个 DLL 中,该 DLL 包含一个或多个已被编译、链接并与使用它们的进程分开存储的函数。DLL 还有助于共享数据和资源,多个应用程序可同时访问内存中单个 DLL 副本的内容。

动态链接库是一个可执行模块,它包含的函数可以由 Windows 应用程序调用以提供所需功能,为应用程序提供服务。利用动态链接库可以更为容易地将更新应用于各个模块,而不会影响该程序的其他部分。例如,有一个大型网络游戏,如果把整个数百 MB 甚至数 GB 的游戏的代码都放在一个应用程序里,日后的修改工作将会十分费时;而如果把不同功能的代码分别放在数个动态链接库(DLL)中,则无须重新生成或安装整个程序就可以应用更新。

Windows 提供的动态链接库,可以将独立的模块单独编译和测试,生成动态链接库。运行时,只有在主程序需要时,才将动态链接库装入内存并运行。这样,不仅减少了应用程序的大小及对内存的大量需求,而且动态链接库可以被多个应用程序使用,从而充分利用了资源。Windows 系统中一些主要的系统功能都是以动态链接库的形式提供,如设备驱动程序等。

动态链接库文件在 Windows 系统中的扩展名为. dll。它由全局数据结构和若干个函数组成,运行时被加载到进程的虚拟地址空间,成为调用进程的一部分。

2. 动态链接库入口函数

DllMain()函数是动态链接库的入口函数，当 Windows 系统加载动态链接库时调用该函数，同时在动态链接库与进程分离时也调用该函数，每个动态链接库必须有一个入口点。就像 C 语言编写的应用程序时必须有 main( )函数一样，在 Windows 系统的动态链接库中 DllMain( )是默认的入口函数。

函数原型：

```
BOOL APIENTRY DllMain (HANDLE hModule,
            DWORD ul_reaseon_for_call, LPVOID lpReserved)
{
   return true;
}
```

参数说明：

(1) hModule——动态链接库句柄，其值与动态链接库的地址相对应。

(2) ul_reason_for_call——系统调用该函数的原因。

(3) lpReserved——说明动态链接库是否需要动态加载或卸载，如果取值为 NULL 表示动态加载和卸载，否则表示静态加载，进程装入内存时同时加载链接库，进程终止时才卸载。

使用入口函数还可以做一些初始化工作，如分配额外的内存或其他资源，在撤销时做一些清除工作，如回收占用的内存或其他资源。需要做初始化或清除工作时，DllMain()函数格式如下：

```
BOOL APIENTRY DllMain(HANDLE hModule,
          DWORD ul_reason_for_call, LPVOID lpReserved )
{
  switch(ul_reason_for_call)
  {
    case DLL_PROCESS_ATTACH:
    case DLL_THREAD_ATTACH:
    case DLL_THREAD_DETACH:
    case DLL_PROCESS_DETACH
    break;
  }
  return TURE;
}
```

初始化或清除工作分以下几种情况：

(1) DLL_PROCESS_ATTACH。

众所周知，一个程序要调用 DLL 里的函数，首先要把 DLL 文件映射到进程的地址空间。要把一个 DLL 文件映射到进程的地址空间，有两种方法：静态链接和动态链接的 LoadLibrary 或者 LoadLibraryEx。当一个 DLL 文件被映射到进程的地址空间时，系统调用该 DLL 的 DllMain 函数，传递的 ul_reason_for_call 参数为 DLL_PROCESS_ATTACH，这种调用只会发生在第一次映射时。如果同一个进程后来为已经映射进来的 DLL 再次调用 LoadLibrary 或者 LoadLibraryEx，那么操作系统只会增加 DLL 的使用次数，它不会再用值 DLL_PROCESS_ATTACH 调用 DLL 的 DllMain 函数。不同进程用 LoadLibrary 映射同一个 DLL 时，每个进程的第一次映射都会用值 DLL_PROCESS_ATTACH 调用 DLL 的 DllMain 函数。

(2) DLL_PROCESS_DETACH。

当 DLL 被从进程的地址空间解除映射时，系统调用了它的 DllMain 函数，传递的 ul_reason_for_call 值是 DLL_PROCESS_DETACH。当 DLL 处理该值时，它应该执行进程相关的清理工作。

那什么时候 DLL 被从进程的地址空间解除映射呢？有两种情况：

- FreeLibrary 解除 DLL 映射(有几个 LoadLibrary，就要有几个 FreeLibrary)。
- 进程结束而解除 DLL 映射，在进程结束前还没有解除 DLL 的映射，进程结束后会解除 DLL 映射(如果进程的终结是因为调用了 TerminateProcess，系统就不会用 DLL_PROCESS_DETACH 来调用 DLL 的 DllMain 函数。这就意味着 DLL 在进程结束前没有机会执行任何清理工作)。

注意：当用 DLL_PROCESS_ATTACH 调用 DLL 的 DllMain 函数时，如果返回 FALSE，说明没有初始化成功，系统仍会用 DLL_PROCESS_DETACH 调用 DLL 的 DllMain 函数。因此，必须确保清理那些没有成功初始化的东西。

(3) DLL_THREAD_ATTACH。

当进程创建一线程时，系统查看当前映射到进程地址空间中的所有 DLL 文件映像，并用值 DLL_THREAD_ATTACH 调用 DLL 的 DllMain 函数。

新创建的线程负责执行这次的 DLL 的 DllMain 函数，只有当所有的 DLL 都处理完这一通知后，系统才允许进程开始执行它的线程函数。

请注意 DLL_THREAD_ATTACH 与 DLL_PROCESS_ATTACH 的区别，我们在前面说过，第 n(n>=2)次以后地把 DLL 文件映射到进程的地址空间时，是不会再用值 DLL_PROCESS_ATTACH 调用 DllMain 的。而 DLL_THREAD_ATTACH 不同，进程中的每次建立线程，都会用值 DLL_THREAD_ATTACH 调用 DllMain 函数。

(4) DLL_THREAD_DETACH。

如果线程调用了 ExitThread 来结束线程(线程函数返回时，系统也会自动调用 ExitThread)，系统查看当前映射到进程空间中的所有 DLL 文件映像，并用值 DLL_THREAD_DETACH 来调用 DllMain 函数，通知所有的 DLL 去执行线程级的清理工作。

注意：如果线程的结束是因为系统中的一个线程调用了 TerminateThread，系统就不会用值 DLL_THREAD_DETACH 来调用所有 DLL 的 DllMain 函数。

3. 动态链接库导入/导出函数

动态链接库文件中包含一个导出函数表，这些导出函数由它们的符号名和标识号被唯一地确定，导出函数表中还包含了动态链接库中的函数地址。当应用程序加载动态链接库时，通过导出函数表中各个函数的符号名和标识号找到该函数的地址。如果重新编译动态链接库文件，并不需要修改调用动态链接库的应用程序，除非改变了导出函数的符号名和其他参数。

在动态链接库源程序文件中声明导出函数的写法如下：

函数原型：

```
_ _declspec(dllexport) MyDLLFunction (int x , int y)
```

其中_ _declspec(dllexport)表示要导出其后的函数 MyDLLFunction (int x ,int y)。

如果动态链接库文件中的函数还需要调用其他动态链接库,此时,动态链接库文件除了导出函数外,还需要一个导入函数,声明导入函数的代码如下:

```
_ _declspec(dllimport) DllAdd (int x , int y)
```

其中_ _declspec(dllimport)表示要导入其后的函数 DllAdd (int x ,int y),在生成动态链接库时,链接程序会自动生成一个与动态链接库相对应的导入/导出库文件(.Lib 文件)。

下面是一个动态链接库程序的例子:

```
#include "stdafx.h"
extern "C" _declspec(dllexport) int Add(int x,int y);
extern "C" _declspec(dllexport) int Sub(int x,int y);
BOOL APIENTRY DllMain( HANDLE hModule,
                       DWORD ul_reason_for_call,
                       LPVOID lpReserved
                     )
{
  return TRUE;
}
int Add(int x,int y)
{
  int z;
  z=x+y;
  return z;
}
int Sub(int x,int y)
{
  int z;
  z=x-y;
  return z;
}
```

应用程序要链接引用动态链接库的任何可执行模块,其.lib 文件是必不可少的。除了创建.lib 文件,链接程序还要将一个输出符号表嵌入到动态链接库文件,该输出符号表包含输出变量、函数和类的符号列表以及函数的虚拟地址。

4. 动态链接库的两种链接方式

当应用程序调用动态链接库时,需要将动态链接库文件映射到调用进程的地址空间中。映射方法有两种:隐式链接和显式链接。

当进程加载动态链接库时,Windows 系统按照以下搜索顺序查找并加载动态链接库。

- 应用程序的当前目录。
- Windows 目录下。
- Windows\System32 目录下。
- PATH 环境变量设置的目录。

• 列入映射网络目录表中的目录。

1）隐式链接

如果程序员建立了一个动态链接库，链接程序会自动生成一个与动态链接库相对应的导入/导出库文件(.lib)文件。该文件作为动态链接库的替代文件被编译到应用程序的工程项目中。

在调用动态链接库的应用程序中，声明要调用的动态链接库中的函数，需要写明“extern "C"”，例如：

```
extern "C" _declspec(dllimport) int Add(int x,int y);
extern "C" _declspec(dllimport) int Sub(int x,int y);
```

这样，就可以使用动态链接库中的函数。

2）显式链接

显式链接方式更适合于集成化的开发工具，使用显式链接，程序员不必再使用导入、导出文件，而直接调用 Win32 提供的 LoadLibary( )函数加载动态链接库文件，调用 GetProcAddress( )函数得到动态链接库中函数的内部地址，在应用程序退出之前，还应使用 FreeLibrary()释放动态链接库。

5. 函数调用参数传递约定

函数调用约定主要约束了两件事：

(1) 参数传递顺序。

(2) 调用堆栈由谁(调用函数或被调用函数)清理。

Mircrosoft Visual C++ 6.0 支持的常用函数约定主要有_stdcall 调用约定、C 调用约定(用_cdecl 关键字说明)和_fastcall 调用约定。

_stdcall 是以 Pascal 方式清理，C 方式压栈，通常用于 Win32 Api 中，函数采用从右到左的压栈方式，自己在退出时清空堆栈。VC 将函数编译后会在函数名前面加上下划线前缀，在函数名后加上“@”和参数的字节数。

C 调用约定(即用_cdecl 关键字说明)(The C default calling convention)按从右至左的顺序压参数入栈，由调用者把参数弹出栈。对于传送参数的内存栈是由调用者来维护的(正因为如此，实现可变参数 vararg 的函数(如 printf)只能使用该调用约定)。另外，在函数名修饰约定方面也有所不同。_cdecl 是 C 和 C++程序的默认调用方式。每一个调用它的函数都包含清空堆栈的代码，所以产生的可执行文件大小会比调用_stdcall 函数的大。函数采用从右到左的压栈方式。VC 将函数编译后会在函数名前面加上下划线前缀。

_fastcall 调用的主要特点就是速度快，因为它是通过寄存器来传送参数的(实际上，它用 ECX 和 EDX 传送前两个双字(DWORD)或更小的参数，剩下的参数仍旧自右向左压栈传送，被调用的函数在返回前清理传送参数的内存栈)，在函数名修饰约定方面，它和前两者均不同。_fastcall 方式的函数采用寄存器传递参数，VC 将函数编译后会在函数名前面加上“@”前缀，在函数名后加上“@”和参数的字节数。

7.1.4 参考程序

1. 创建动态链接库

打开 VC，选择 File 菜单下的 New 命令，新建一个 Win 32 Dynamic-Link Library 项目，

项目名称为DLLDemo，在接下来的创建向导中，选择"A simple DLL project."选项，创建一个简单的DLL项目，然后将自动生成的源程序文件(DLLDemo.cpp)改为如下代码：

```
//源程序名称: DLLDemo.cpp
//功能描述: 创建动态链接库
// DLLDemo.cpp : Defines the entry point for the DLL application.
//
#include "stdafx.h"
extern "C" _declspec(dllexport) int Add(int x,int y);
extern "C" _declspec(dllexport) int Sub(int x,int y);
BOOL APIENTRY DllMain( HANDLE hModule, DWORD ul_reason_for_call,
                       LPVOID lpReserved
                     )
{
  return TRUE;
}
int Add(int x,int y)
{
  int z;
  z = x + y;
  return z;
}
int Sub(int x,int y)
{
  int z;
  z = x - y;
  return z;
}
```

2. 隐式调用动态链接库

打开VC，选择File菜单下的New命令，新建一个Win 32 Console Application项目，在接下来的创建向导中，选择"An empty project."选项，创建一个空的控制台项目。然后选择File菜单下的New命令，新建一个C/C++ Source File，在新建的源程序文件中输入如下代码：

```
//源程序名称: ImplicitCallDLL.cpp
//功能描述: 隐式调用动态链接库的程序
#include <iostream>
using namespace std;
extern "C" _declspec(dllimport) int Add(int x,int y);
extern "C" _declspec(dllimport) int Sub(int x,int y);
int main()
{
  int x = 7;
  int y = 6;
  int add = 0;
  int sub = 0;
  cout <<"调用 DLL! "<< endl;
```

```
    add = Add(x,y);
    sub = Sub(x,y);
    cout <<" 7 + 6 = "<< add <<",7 - 6 =  "<< sub << endl;
    return 0;
}
```

在编译执行此程序前应先将上述 DLL 项目 DLLDemo 编译生成的 dll 文件(DLLDemo. dll)复制到当前程序的输出目录(Debug 或 Release),然后将动态链接库的导出库文件(dllTest. lib)复制到当前程序的源程序(. cpp 文件)目录下,并选择 Project 菜单下的 Settings 命令,在打开的项目设置对话框的 Link 选项卡的 Project Options 文本框中输入此导出库文件,如图 7-1 所示,这样才能执行该程序。

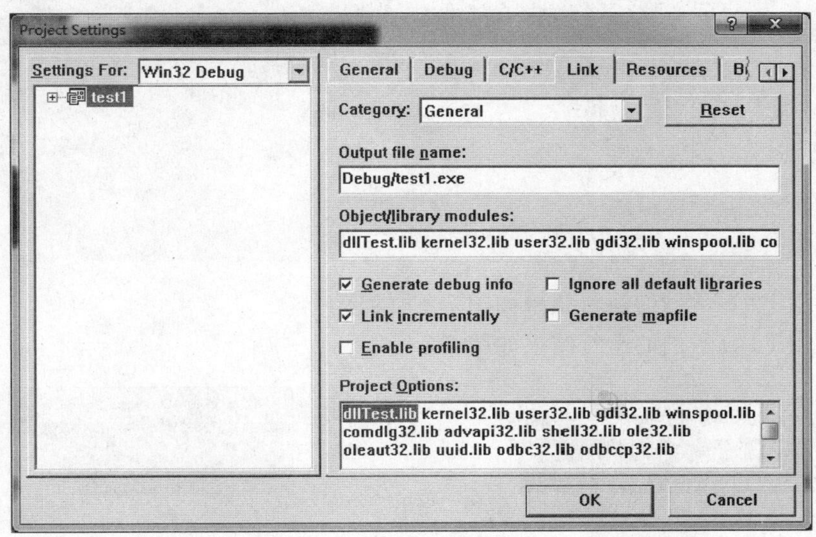

图 7-1　项目设置

3. 显式调用动态链接库

打开 VC,选择 File 菜单下的 New 命令,新建一个 Win 32 Console Application 项目,在接下来的创建向导中,选择"An empty project. "选项,创建一个空的控制台项目。然后选择 File 菜单下的 New 命令,新建一个 C/C++ Source File,在新建的源程序文件中输入如下代码:

```
//源程序名称: ExplicitCallDLL.cpp
//功能描述: 显式调用动态链接库的程序
#include <iostream>
#include <windows.h>
using namespace std;
void main()
{
    int s;
    typedef int ( * pAdd)(int x,int y);
```

```
    typedef int ( * pSub)(int x,int y);
    HMODULE hDll;
    pAdd add;
    pSub sub;
    hDll = LoadLibrary("DLLDemo.dll");、
    if(hDll== NULL)
    {
        cout <<"加载动态链接库出错!"<< endl;
        return ;
    }
    else
        cout <<"加载动态链接库成功!"<< endl;
    add = (pAdd)GetProcAddress(hDll,"Add");
    s = add(6,2);
    cout <<"6 + 2 = "<< s << endl;
    sub = (pSub)GetProcAddress(hDll,"Sub");
    s = sub(6,2);
    cout <<"6 - 2 = "<< s << endl;
    FreeLibrary(hDll);
}
```

隐式调用 DLL 示例的运行结果如图 7-2 所示。

显式调用 DLL 示例的运行结果如图 7-3 所示。

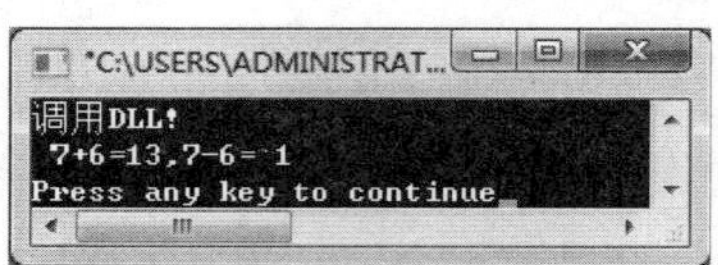

图 7-2　隐式调用 DLL 示例的运行结果

图 7-3　显式调用 DLL 示例的运行结果

7.2　系统内存使用统计

7.2.1　实验目的

1. 了解 Windows 内存管理机制，理解页式存储管理技术。
2. 熟悉 Windows 内存管理基本数据结构及相关 API 的使用。

7.2.2　实验内容

使用 Windows 系统提供的函数和数据结构显示系统存储空间的使用情况，当内存和虚拟存储空间变化时，观察系统显示变化情况。

7.2.3　实验指导

下面介绍相关数据结构及 API 函数。

1. 结构体 MEMORYSTATUS

定义：

```
typedef struct _MEMORYSTATUS {
        DWORD dwLength;
        DWORD dwMemoryLoad;
        DWORD dwTotalPhys;
        DWORD dwAvailPhys;
        DWORD dwTotalPageFile;
        DWORD dwAvailPageFile;
        DWORD dwTotalVirtual;
        DWORD dwAvailVirtual;
    } MEMORYSTATUS, * LPMEMORYSTATUS;
```

成员说明：

(1) dwLength——MEMORYSTATUS 结构的大小，在调 GlobalMemoryStatus 函数前用 sizeof()函数求得，用来供函数检测结构的版本。

(2) dwMemoryLoad——一个 0～100 之间的值，用来指示当前系统内存的使用率。

(3) dwTotalPhys——总的物理内存大小，以字节(byte)为单位。

(4) dwAvailPhys——可用的物理内存大小，以字节(byte)为单位。

(5) dwTotalPageFile——显示可以存在页面文件中的字节数。注意，这个数值并不表示在页面文件在磁盘上的真实物理大小。

(6) dwAvailPageFile——可用的页面文件大小，以字节(byte)为单位。

(7) dwTotalVirtual——调用进程的用户模式部分的全部可用虚拟地址空间，以字节(byte)为单位。

(8) dwAvailVirtual——调用进程的用户模式部分的实际自由可用的虚拟地址空间，以字节(byte)为单位。

2. 获取物理内存和虚拟内存信息 GlobalMemoryStatus( )

函数原型：

```
VOID GlobalMemoryStatus (LPMEMORYSTATUS lpBuffer);
```

参数说明：lpBuffer 指向 MEMORYSTATUS 结构的指针，_MEMORYSTATUS 结构用来存储系统内存信息。

返回值：无(在结构体变量中)。

3. 在调用进程的虚地址空间中预定或者提交一部分页面 VirtualAlloc( )

函数原型：

```
LPVOID VirtualAlloc (LPVOID lpAddress,
                    DWORD dwSize,
                    DWORD flAllocationType,
                    DWORD flProtect
                );
```

参数说明：

(1) lpAddress——待分配空间的起始地址。若指定的内存被保留，指定的地址将四舍五入到下一个 64K 边界；若指定的内存被保留且被提交，指定的地址将四舍五入到下一个页面边界。若为 NULL，则由系统决定分配区域的地址。

(2) dwSize——分配空间的大小(以字节为单位)。

(3) flAllocationType——MEM_COMMIT 或 MEM_RESERVE 或两者的组合。

(4) flProtect——存取保护的类型(参考测试数据的说明部分)。

返回值：调用成功则返回所分配页面的基址，否则返回 NULL。

4. 取消或者释放调用进程的虚地址空间中的页面 VirtualFree( )

在本实验中通过指定 dwFreeType，对内存块进行释放(MEM_DECOMMIT)或者回收(MEM_RELEASE)的操作。

函数原型：

```
BOOL VirtualFree (LPVOID lpAddress,
                  DWORD dwSize,
                  DWORD dwFreeType
                 );
```

函数参数：

(1) lpAddress——待释放空间的起始地址。若 dwFreeType 参数中包含 MEM_RELEASE 标志，当该页面被保留时，这个参数必须是通过 VirtualAlloc 函数返回的基址。

(2) dwSize——释放空间的大小(以字节为单位)。若 dwFreeType 参数中包含 MEM_RELEASE 标志，该参数值必须为 0。

(3) dwFreeType——释放类型，可以是：

- MEM_DECOMMIT——取消 VirtualAlloc 提交的页。
- MEM_RELEASE——释放指定页，如果指定了这个类型，则 dwSize 应设置为 0，否则函数会调用失败。

返回值：调用成功则返回一个非零值，否则返回 0。

5. 将调用进程虚拟空间中的内存加锁 VirtualLock( )

使用此函数，可将指定的内存页面始终保存在物理内存上，不允许它交换到磁盘页中，对常用的内存页执行这个操作，可以节省时间。

函数原型：

```
BOOL VirtualLock (LPVOID lpAddress, DWORD dwSize);
```

函数参数：

(1) lpAddress——加锁页面区域基址。

(2) dwSize——加锁区域的大小(以字节为单位)。

返回值：调用成功则返回一个非零值，否则返回 0。

6. 将调用进程虚拟空间中的内存解锁 VirtualUnlock( )

函数功能：将调用进程虚拟空间中的内存解锁。

函数原型：

```
BOOL VirtualUnlock (LPVOID lpAddress, DWORD dwSize);
```

函数参数：

(1) lpAddress——解锁页面区域基址。

(2) dwSize——解锁区域的大小(以字节为单位)。

返回值:调用成功则返回一个非零值,否则返回 0。

7.2.4 参考程序

打开 VC,选择 File 菜单下的 New 命令,新建一个 Win 32 Console Application 项目,在接下来的创建向导中,选择"An empty project."选项,创建一个空的控制台项目。然后选择 File 菜单下的 New 命令,新建一个 C/C++ Source File,在新建的源程序文件中输入如下代码:

```
//源程序名称:MemoryStatus.cpp
//功能描述:内存使用统计
#include <iostream>
#include <windows.h>
using namespace std;
void GetMemoryStatus()
{
  MEMORYSTATUS MemInfo;
  GlobalMemoryStatus(&MemInfo);
  cout <<"当前内存使用情况:"<< endl;
  cout <<"物理内存总量: "<< MemInfo.dwTotalPhys/(1024 * 1024)<<"MB"<< endl;
  cout <<"可用物理内存: "<< MemInfo.dwAvailPhys/(1024 * 1024)<<"MB"<< endl;
  cout <<"页面文件总量: "<< MemInfo.dwTotalPageFile/(1024 * 1024)<<"MB"<< endl;
  cout <<"可用页面文件: "<< MemInfo.dwAvailPageFile/(1024 * 1024)<<"MB"<< endl;
  cout <<"虚拟内存总量: "<< MemInfo.dwTotalVirtual/(1024 * 1024)<<"MB"<< endl;
  cout <<"可用虚拟内存: "<< MemInfo.dwAvailVirtual/(1024 * 1024)<<"MB"<< endl;
  cout <<"内存使用率: "<< MemInfo.dwMemoryLoad << endl;
  cout << endl;
}
void main()
{
  LPVOID BaseAddr;
  char * str;
  GetMemoryStatus();
  cout <<"分配 518M 虚拟内存和 128M 物理内存"<< endl;
  BaseAddr = VirtualAlloc(NULL,1024 * 1024 * 512,MEM_RESERVE|MEM_COMMIT,
                  PAGE_READWRITE);
  if (BaseAddr== NULL)
     cout <<"虚拟内存分配失败!"<< endl;
  str = (char * )malloc(1024 * 1024 * 128);
  if (str== NULL)
     cout <<"物理内存分配失败!"<< endl;
  GetMemoryStatus();
  cout <<"释放 512M 虚拟内存和 128M 物理内存"<< endl;
  if (VirtualFree(BaseAddr,0,MEM_RELEASE)== 0)
     cout <<"释放虚拟内存失败!"<< endl;
  free(str);                    //释放物理内存
```

```
    GetMemoryStatus();
}
```


程序运行结果如图 7-4 所示。

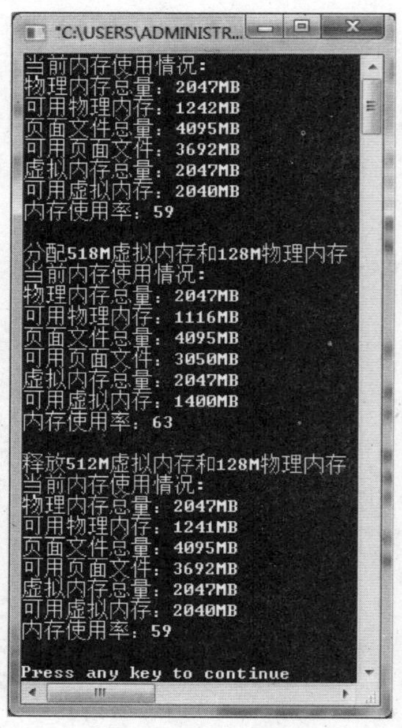

图 7-4　系统内存使用统计示例运行结果

第三篇

综合实训

第8章 Linux下基于套接字的简单聊天程序设计

8.1 实验目的

了解和熟悉基于套接字的通信机制，掌握Linux环境下利用套接字实现进程间高级通信的方法。

8.2 实验内容

基于套接字通信机制编程实现聊天程序。

8.3 实验要求

实现服务器和客户端之间的一对一聊天或服务器转发实现客户端之间的多对多聊天程序。

8.4 实验指导

1. 套接字介绍

BSD Socket(伯克利套接字)是通过标准的UNIX文件描述符和其他程序通信的一个方法，目前已经被广泛移植到各个平台。

套接字通信是双向的，数据格式为字节流(一对一)或报文(多对一，一对多)；主要用于网络通信；支持client-server模式和peer-to-peer模式，提供基于TCP或UDP协议的Internet域和UNIX局域网域的网络通信。在本实验中，主要研究基于Linux平台的Internet域套接字的数据结构、函数及其应用。

2. 涉及的数据结构

套接字结构会因为使用不同的通信协议而有不同定义。在基于TCP协议的Internet域中，套接字结构定义为：

```
#include <netinet/in.h>
struct sockaddr_in
{
    unsigned short int sin_family;          /* 协议标识 */
    unsigned short int sin_port;            /* 存储端口号 */
```

```
    struct in_addr sin_addr;                /* 存储 IP 地址 */
    unsigned char sin_zero[8];              /* 8 位保留字节 */
}
```


说明：sin_family 指协议族，在 Internet 域，TCP 套接字编程中 sin_family 固定值为 AF_INET；sin_port 存储端口号(使用网络字节顺序)，数据类型是一个 16 位的无符号整数类型；sin_addr 存储 IP 地址，IP 地址使用 in_addr 数据结构，其定义如下。

```
struct in_addr
{
 unsigned long int s_addr;
};
```

其中，s_addr 是按照网络字节顺序存储 IP 地址。

3. 创建套接字：socket()

socket()用于建立一个新的套接字，指定使用协议，即向系统注册，通知系统建立一个通信端口。

头文件：

```
#include <sys/socket.h>
#include <sys/types.h>
```

系统调用格式：

```
int socket(int domain, int type, int protocol);
```

参数说明：

(1) 参数 domain 指定套接字的类型，完整地定义在/usr/include/bits/socket.h 内，下面是常见的协议。

- PF_UNIX/PF_LOCAL/AF_UNIX/AF_LOCAL：UNIX 进程通信协议。
- PF_INET/AF_INET：IPv4 网络协议。
- PF_INET6/AF_INET6：IPv6 网络协议。
- PF_IPX/AF_IPX：IPX-Novell 协议。
- PF_NETLINK/AF_NETLINK：核心用户接口装置。
- PF_X25/AF_X25：ITU-T X.25/ISO-8208 协议。
- PF_AX25/AF_AX25：业余无线 AX.25 协议。
- PF_ATMPVC/AF_ATMPVC：存取原始 ATM PVCs。
- PF_APPLETALK/AF_APPLETALK：appletalk(DDP)协议。
- PF_PACKET/AF_PACKET：初级封包接口。

(2) 参数 type 有下列几种数值。

- SOCK_STREAM：提供可靠的面向连接传输的数据流，保证数据在传输过程中无丢失、无损坏和无冗余。INET 地址簇中的 TCP 协议支持该套接字类型。在所有数据传送前必须使用 connect()来建立连线状态。

- SOCK_DGRAM：使用不连续、不可信赖的数据包连接。提供数据的双向传输，但不保证消息的准确到达，即使消息能够到达，也无法保证其顺序性，并可能有冗余或损坏。INET 地址簇中的 UDP 协议支持该套接字。
- SOCK_SEQPACKET：提供连续可信赖的数据包连接。提供可靠的、双向的、顺序化的以及面向连接的数据通信。类似于 STREAM 方式，但它的报文大小可变（最大报文长度固定）。
- SOCK_RAW：提供原始网络协议存取。是低于传输层的低级协议或物理网络提供的套接字类型。它可以访问内部网络接口。例如，可以接收和发送 ICMP 报。
- SOCK_RDM：提供可信赖的数据包连接。类似于 SOCK_DGRAM，但它可保证数据的正确到达。
- SOCK_PACKET：提供和网络驱动程序直接通信。

(3) 参数 protocol 用来指定 socket 所使用的传输协议编号，设为 0。

返回值：调用成功返回一个套接字文件的描述符，调用失败返回－1。

例：

```
int sockfd = socket(AF_INET,SOCK_STREAM,0)    /* 创建 Internet 域套接字 */
```

4. 绑定套接字：bind()

bind()用于在服务器方，将创建的套接字绑定到指定的地址 IP 和端口 Port 中。

头文件：

```
#include <sys/socket.h>
#include <sys/types.h>
```

系统调用格式：

```
int bind(int sockfd,struct sockaddr *addressp, socklen_t addrlen);
```

参数说明：sockfd 是套接字描述符；addressp 是指向套接字结构的指针，其成员描述了本地端口号和本地主机地址；addrlen 是存储套接字实际使用的地址指针的大小，即地址结构的字节数。

返回值：该函数调用成功返回 0，否则返回－1 并置 errno。

5. 侦听函数：listen()

在创建套接字之后，服务器进程利用 bind()将套接字绑定到它所侦听的地址。在任何客户端可以连接到新建立的服务器端口之前，服务器必须调用 listen()等待连接。listen()函数用在服务器方侦听客户端的连接请求。通常 listen()会在 socket()、bind()之后调用，接着才调用 accept()。

系统调用格式：

```
int listen(int sockfd,int backlog);
```

参数说明：sockfd 是套接字描述符；backlog 指明套接字侦听队列允许悬挂连接请求个数。

返回值：调用成功则返回 0，失败返回－1，错误原因存于 errno。

注意：listen()只适用 SOCK_STREAM 或 SOCK_SEQPACKET 的 socket 类型。如果 socket 为 AF_INET，则参数 backlog 最大值可设至 128。

6. 连接请求：connect()

客户端使用 connect()向服务器方请求连接。客户程序通过 connect()将已创建的套接字和服务器监听套接字之间建立连接。

头文件：

```
#include <sys/socket.h>
#include <sys/types.h>
```

系统调用格式：

```
int connect(int sockfd,struct sockaddr * addressp,int addrlen);
```

参数说明：

(1) sockfd 是套接字描述符。

(2) addressp 是指向套接字结构的指针；根据引用是面向连接还是面向非连接，addressp 所包含的意义有所不同。面向连接时，addressp 是与之通信的套接字地址；面向非连接时，addressp 是数据传送到的地址。

(3) addrlen 是存储套接字实际使用的地址指针的大小，即地址结构的字节数。

返回值：调用成功返回 0，否则返回−1，并置 errno。

7. 接受连接：accept()

在面向连接的服务器上执行完 listen()以后，再执行 accept()等待来自某一客户进程的实际连接请求。当服务器端收到客户端 connect()请求时，必须创建一个新套接字与客户通信，并返回该套接字的描述符。第一个套接字只用来建立通信；第二个套接字由 accept()完成。

头文件：

```
#include <sys/socket.h>
#include <sys/types.h>
```

系统调用格式：

```
int accept(int sockfd ,struct sockaddr * addressp, socklen_t * addrlen);
```

参数说明：

(1) sockfd 是套接字描述符。

(2) addressp 是指向协议传送地址的指针，是对 sockaddr 结构的引用。连接成功时，addressp 所指的结构会被系统填入远程主机的地址数据。

(3) addrlen 是地址结构的字节数。

返回值：成功返回新的 socket 处理代码，失败返回−1，错误原因存于 errno 中。

8. 发送数据：send()及 sendto()

1) 面向连接发送数据：send()

send()用于将数据由指定的套接字传送给对方主机(TCP 连接)。

头文件：

```
#include <sys/socket.h>
#include <sys/types.h>
```

系统调用格式：

```
int send(int sockfd,const char *msg,int len,int flags);
```

参数说明：sockfd 是套接字描述符；msg 是指向要发送数据的指针；len 是发送数据的长度；flags 是标志位，一般设为 0。其他数值定义如下。

- MSG_OOB：传送的数据以 out-of-band 送出。
- MSG_DONTROUTE：取消路由表查询。
- MSG_DONTWAIT：设置为不可阻断运作。
- MSG_NOSIGNAL：此动作不愿被 SIGPIPE 信号中断。

返回值：调用成功返回传送数据的字节数，出错时返回－1，错误原因存于 errno 中。

2）面向非连接发送数据：sendto()

sendto()用于将数据由指定套接字传送给对方主机，如果利用 UDP 协议则不需要经过连线操作。

头文件：

```
#include <sys/socket.h>
#include <sys/types.h>
```

系统调用格式：

```
int sendto(int sockfd, const char *msg,int len,int flags,struct sockaddr *to,int tolen);
```

参数说明：sockfd 是套接字描述符；msg 是指向要发送数据的指针；len 是发送数据的长度；flags 是标志位，一般设为 0；to 是要传送的远端网络地址（IP 地址和端口号）；tolen 是地址长度。

返回值：调用成功返回传送数据的字节数，出错时返回－1，错误原因存于 errno 中。

9. 接收数据：recv()及 recvfrom()

1）面向连接发送数据：recv()

recv()用来接收远端主机经指定的套接字传来的数据，并将数据存到由参数指向的内存空间。

头文件：

```
#include <sys/socket.h>
#include <sys/types.h>
```

系统调用格式：

```
int recv(int sockfd, void *buf, int buf_len, int flags);
```

参数说明：sockfd 是套接字描述符；buf 是被接收数据要存储的地址；buf_len 是接收

数据的长度；flags 是标志位，一般设为 0。其他数值定义如下。

- MSG_OOB：接收以 out-of-band 送出的数据。
- MSG_PEEK：返回来的数据并不会在系统内删除，如果再调用 recv()会返回相同的数据内容。
- MSG_WAITALL：强迫接收到 len 大小的数据后才能返回，除非有错误或信号产生。
- MSG_NOSIGNAL：此操作不愿被 SIGPIPE 信号中断。

返回值：调用成功返回接收数据的字节数，出错时返回－1。

2）面向非连接发送数据：recvfrom()

recvfrom()接收远端主机经指定套接字传来的数据，并将数据存到由参数指向的内存空间。

头文件：

```
#include <sys/socket.h>
#include <sys/types.h>
```

系统调用格式：

```
int recvfrom(int sockfd, void * buf, int buf_len, int flags,struct sockaddr * from,int fromlen);
```

参数说明：sockfd 是套接字描述符；buf 是被接收数据要存储的地址；buf_len 是接收数据的长度；from 是远端的地址(IP 地址和端口号)；fromlen 是远端地址长度。

返回值：调用成功返回接收数据的字节数，出错时返回－1。

10. 关闭套接字：close()和 shutdown()

1）close()

头文件：

```
#include <sys/socket.h>
#include <sys/types.h>
```

系统调用格式：

```
int close(int sockfd)
```

参数说明：sockfd 是套接字描述符。

返回值：操作成功则返回 0，失败返回－1，错误原因存于 errno。

2）shutdown()

头文件：

```
#include <sys/socket.h>
#include <sys/types.h>
```

系统调用格式：

```
int shutdown(int sockfd,int how);
```

参数说明：sockfd 是套接字描述符。参数 how 有下列几种情况。

- SHUT_RD 或 0：停止从此套接字接收数据，拒绝进一步到达的数据。

- SHUT_WR 或 1：停止从该套接字发送数据。
- SHUT_RDWR 或 2：停止从该套接字接收和发送数据。

返回值：操作成功则返回 0,失败返回－1,错误原因存于 errno。

11. IP 地址转换函数：inet_addr()和 inet_ntoa()

1）将网络地址转成二进制的数字：inet_addr()

头文件：

```
#include <sys/socket.h>
#include <netinet/in.h>
#include <arpa/inet.h>
```

系统调用格式：

```
unsigned long int inet_addr(const char *cp);
```

参数说明：inet_addr()用来将参数 cp 所指的网络地址字符串转换成网络所使用的二进制数字。网络地址字符串是以数字和点组成的字符串,例如：163.13.132.68。

返回值：成功则返回非 0 值,失败则返回 0。

2）将网络二进制的数字转换成网络地址：inet_ntoa()

头文件：

```
#include <sys/socket.h>
#include <netinet/in.h>
#include <arpa/inet.h>
```

系统调用格式：

```
char *inet_ntoa(struct in_addr in);
```

参数说明：in 是网络二进制数字。

函数说明：inet_ntoa()用来将参数 in 所指的网络二进制的数字转换成网络地址,然后将指向此网络地址字符串的指针返回。

返回值：成功返回字符串指针,失败则返回 NULL。

12. 基于 TCP 的套接字通信的系统流程

流式套接字(SOCK_STREAM)定义了一种可靠的面向连接的服务,实现了无差错、无重复的顺序数据传输。使用面向连接的套接字编程实现聊天程序,通信流程如图 8-1 所示。

套接字通信工作过程如下：

- 服务器程序先启动,调用 socket()建立一个套接字,然后调用 bind(),将该套接字和本地网络地址联系在一起,再调用 listen(),使套接字做好侦听的准备,并规定它的请求队列的长度,最后通过调用 accept()来接收连接。
- 客户在建立套接字后,通过调用 connect()和服务器建立连接。连接一旦建立,客户机和服务器之间就可以通过调用 send()与 recv()来发送和接收数据。最后,待数据传输结束后,双方可以调用 close()关闭套接字。

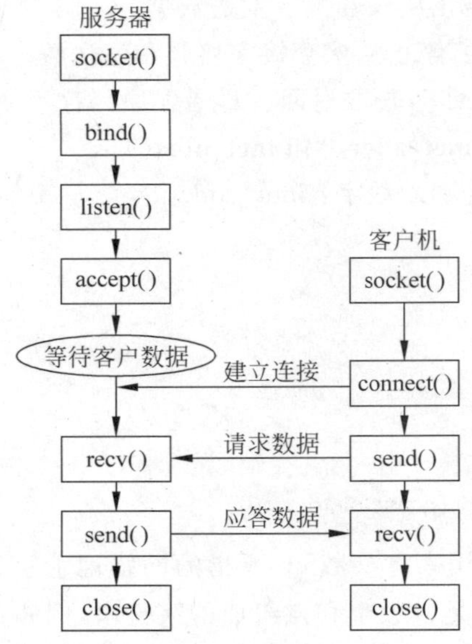

图 8-1 面向连接基于 TCP 的套接字通信流程图

8.5 参考程序

1. 服务器端程序 socket-server.c

```
/* socket-server.c */
#include <errno.h>
#include <stdio.h>
#include <sys/types.h>
#include <sys/socket.h>
#include <netdb.h>
#include <arpa/inet.h>
#include <stdlib.h>
#include <netinet/in.h>
#include <signal.h>
void doit(int);                              /* 连接客户端后发送和接收数据处理程序 */
int make_socket(unsigned short int port)     /* 本函数用于给套接字的 IP 和 Port 赋值 */
{
  int sock;
  struct sockaddr_in name;
  sock = socket(AF_INET,SOCK_STREAM,0);      /* 创建一个基于 TCP 的套接字 */
  if(sock < 0)
  {
     printf("error is: %s",strerror(errno));
     exit(0);
  }
  name.sin_family = AF_INET;                 /* IPv4 网络协议 */
  name.sin_port = htons(port);               /* 端口转换 */
```

```
    name.sin_addr.s_addr = htonl(INADDR_ANY);     /* INADDR_ANY 为本机的任意 IP 地址的常量 */
    if(bind(sock,(struct sockaddr * )&name,sizeof(name))< 0)   /* 将创建的套接字绑定到 IP 和
                                                                  端口 */

    {
      printf("error is: %s",strerror(errno));
      exit(0);
    }
    return sock;
}
int main(void)
{
    int server_sockfd,client_sockfd;
    int server_len,client_len;
    struct sockaddr_in client_address;
    static char yy[100] = "asdfa";
    char buf[255];
    int n,run;
    n = 1;
    run = 1;
    server_sockfd = make_socket(2011);                  /* 创建套接字 */
    listen(server_sockfd,5);
    signal(SIGCHLD,SIG_IGN);
    while(1)                                            /* 该循环处理与客户端的连接请求,并为每个
                                                           请求建立一个新的进程来处理 */

    {
      printf("server waiting\n");
      client_len = sizeof(client_address);
      client_sockfd = accept(server_sockfd,(struct sockaddr * )&client_address, &client_len);
      if(fork()== 0)
      {
       while((n = recv(client_sockfd,buf,256,0))> 0)
       {
         buf[n] = 0;
         printf(" *********************** \n");
         printf("client : %s\n",buf);
         if (strncmp(buf,"bye",3)== 0)
         exit(0);
       }
      }
      else
      {
       while(run)
       {
         printf(" *********************** \n");
         printf("server:");
         fgets(yy,40,stdin);
         send(client_sockfd,yy,sizeof(yy),0);
         if (strncmp(yy,"bye",3)== 0)
         exit(0);
```

```
            }
        }
    }
}
```

2. 客户端程序 socket-client.c

```
/* socket-client.c */
#include <errno.h>
#include <stdio.h>
#include <sys/types.h>
#include <sys/socket.h>
#include <netdb.h>
#include <arpa/inet.h>
#include <stdlib.h>
void init_sockaddr(struct sockaddr_in *name,char *addr,char *serv)  /*初始化套接字的IP
                                                                       和Port*/
{
  name->sin_family=AF_INET;                          /*IPv4网络协议*/
  name->sin_addr.s_addr=inet_addr(addr);
  if (serv==NULL)
     name->sin_port=htons(0);
  else
     name->sin_port=htons(atoi(serv));               /*端口转换*/
}
int socket_connect(char *hostname,char *serv_port)  /*将创建的套接字连接到初始化的IP
                                                       和Port*/
{
  int sockfd;
  struct sockaddr_in sockaddr;
  struct hostent *hp;
  char *host,myname[104];
  init_sockaddr(&sockaddr,hostname,serv_port);   /*初始化服务器端的IP和端口号Port*/
  if((sockfd=socket(AF_INET,SOCK_STREAM,0))<0) /*创建套接字*/
  {
     printf("socket create error\n");
     exit(0);
  }
  if((connect(sockfd,(struct sockaddr *)&sockaddr,sizeof(sockaddr)))<0)
  {
     printf("cann't connect server %s\n",strerror(errno));
     exit(0);
  }
  return(sockfd);
}
int main(int argc,char **argv)
{
  int sockfd,n,pid,run=1;
  char recvbuff[256], *host;
```

```
    static char xx[10] = "asdfa";
    struct sockaddr_in servaddr;
    if(argc < 2)
        host = "127.0.0.1";
    else
        host = argv[1];
    sockfd = socket_connect(host,"2011");
    pid = fork();
    if (pid== 0)
    {
        while((n = recv(sockfd,recvbuff,256,0))> 0)         //receive date from server
        {
          recvbuff[n] = 0;
          printf(" ********************** \n");
          printf("server: % s\n",recvbuff);
          if (strncmp(recvbuff,"bye",3)== 0)
          exit(0);
        }
    }
    else
    {
        while(run)                                          //send date to server
        {
          printf(" ********************** \n");
          printf("client:");
          fgets(xx,20,stdin);
          send(sockfd,xx,sizeof(xx),0);
          if (strncmp(xx,"bye",3)== 0)
          exit(0);
        }
    }
}
```

程序说明：

本程序是一个基于 TCP 套接字的客户与服务器网络通信的例子，在本程序中主要了解以下几个方面。

(1) 套接字相关系统调用函数的使用。

(2) 套接字的数据结构。

(3) 在建立基于 TCP 套接字通信过程中，服务器和客户端的建立过程和步骤。

第9章 Linux下基于套接字的图形界面聊天程序设计

9.1 实验目的

1. 掌握基于套接字的通信机制。
2. 掌握 Linux 操作系统套接字通信编程。
3. 了解 Linux 操作系统用 C 语言编写图形用户界面程序的技术。

9.2 实验内容

基于套接字通信机制、GTK+图形界面开发包以及多线程机制编程实现聊天程序。

9.3 实验要求

1. 实现服务器和客户端之间的一对一聊天或服务器转发实现客户端之间的多对多聊天程序。
2. 具有友好的图形用户界面。

9.4 实验指导

1. GTK+简介

GTK+(GIMP Tool Kit)是一套C语言编写的用于创建图形用户界面的工具包。GTK+与Linux平台上的Qt、wxWidgets、FLTK函数库的不同点在于其完全使用C语言开发的。而C语言是跨平台的,因此GTK+几乎可以在任何操作系统上使用。GTK+实质上是一个面向对象的应用程序接口(Application Programming Interface,API)。尽管完全是用C语言写成的,但它是基于类和回调函数(指向函数的指针)的思想实现的。

GTK+使用GLIB库和GDK(GIMP Drawing Kit, GIMP绘图工具包)系列的开发库,GLIB定义了数据类型,提供了错误处理和内存管理方面的函数;而GDK则是本地图形化API和GTK+中间的一个过渡层,它需要依赖具体的计算机平台。因此,向其他计算机平台移植GTK+只需要重新编写GDK。

GTK+遵循LGPL许可证,可以用它来开发开源软件、自由软件,甚至是封闭源代码的商业软件。

2. GTK+安装

在 Linux 的环境下安装了相应的 GTK 函数库后，通过头文件#include<gtk/gtk.h>来引用相应的包以及函数。GTK 函数库的安装步骤如下。

直接在终端中输入命令：

```
$ sudo apt - get install build - essential
$ sudo apt - get install gnome - core - devel
$ sudo apt - get install pkg - config
$ sudo apt - get install devhelp
$ sudo apt - get instal glade libglade2 - dev
```

通过上述安装步骤可以实现如下功能：安装 gcc/g++/gdb/make 等基本编程工具；安装 libgtk2.0-dev、libglib2.0-dev 等开发相关的库文件；实现在编译 GTK+程序时自动找出头文件及库文件位置；安装 devhelp GTK+文档查看程序；安装 gtk/glib 的 API 参考手册及其他帮助文档；以及安装基于 GTK+的界面。

3. GTK+重要函数

下面简要介绍创建图形用户界面常用到的函数，这些函数都需要头文件：

```
#include <gtk/gtk.h>
```

1）初始化 GTK+：gtk_int();

函数原型：

```
void gtk_init(int *argc,char ***argv);
```

参数说明：argc 是指向主函数中 argc 的指针；argv 是指向主函数中 argv 的指针。

返回值：无。

例：

```
gtk_init(&argc, &argv);                    /*初始化 gtk 参数*/
```

2）创建窗口：gtk_window_new();

GTK+中的构件是 GUI 的组成部分。窗口、检查框、按钮和编辑字段都属于构件。通常将构件和窗口定义为指向 GtkWidget 结构的指针。GtkWidget 是用于所有构件和窗口的通用数据类型。主窗口常常被称为顶层窗口，顶层窗口不被包含在任何其他窗口内。构件具有父子关系，其中父构件是容器，而子构件则是包含在容器中的构件。顶层窗口没有父窗口，但可能成为其他构件的容器。在 GTK+中建立构件分两步：建立构件，然后使它可以看得见。gtk_window_new 函数负责建立窗口。gtk_widget_show 函数负责使它成为可见。gtk_window_new 函数定义如下。

函数原型：

```
GtkWidget *gtk_window_new(GtkWindowType type);
```

参数说明：type 为窗口类型，一般取值为：GTK_WINDOW_TOPLEVEL，表示产生一个标准的窗口。

返回值：新建窗口。

例：

```
window = gtk_window_new(GTK_WINDOW_TOPLEVEL);    /* 创建一个新窗口,窗体的类型是 GTK_WINDOW_
                                                   TOPLEVEL,是最顶层的 widget */
```

3）显示窗口或构件：gtk_widget_show()；

函数原型：

```
gtk_widget_show( GtkWidget * window);
```

参数说明：window 是显示的窗口名称。

返回值：无。

例：

```
gtk_widget_show (button);                  /* 显示按钮 */
gtk_widget_show (window);                  /* 显示窗口 */
```

4）设置窗口标题：gtk_window_set_title()；

函数原型：

```
void gtk_window_set_title(GtkWidget * window, const gchar * title);
```

参数说明：title 是要设置的窗口标题信息。

返回值：无。

例：

```
gtk_window_set_title(GTK_WINDOW(window),"chatroom");   /* 将窗口 window 的标题设置为
                                                          chatroom */
```

其中,GTK_WINDOW 是一个宏,负责检查 window 的类型；window 是用 gtk_window_new 创建的一个 GtkWidget。

5）设置窗口位置：gtk_window_set_position()；

函数原型：

```
void gtk_window_set_position(GtkWindow * window, GtkWindowPosition position);
```

参数说明：window 是要设置的窗口名称,position 是窗口要设置的位置。一般取值为 GTK_WIN_POS_CENTER,表示创建的窗口置于屏幕的中间位置。

例：

```
gtk_window_set_position(GTK_WINDOW(window),GTK_WIN_POS_CENTER);   /* 将创建的窗口 window 置
                                                                    于屏幕的中间位置 */
```

6）设置窗口大小：gtk_window_set_default_size ()；

函数原型：

```
void gtk_window_set_default_size(GtkWindow * window, gint width, gint height);
```

参数说明：window 是要设置的窗口名称，width 是窗口宽度，height 是窗口高度。

例：

```
gtk_window_set_default_size(GTK_WINDOW(window),430,320);  /* 将窗口 window 的大小设置为
                                                              430 * 320 像素 */
```

7）设置容器边缘大小：gtk_container_set_border_width ()；

容器(GtkContainer)可以被看成是一个构件的载体，各种构件通过放置在容器中而被显现出来。顶层窗口可以作为容器，许多构件也可以作为容器，如按钮。

函数原型：

```
void gtk_container_set_border_width(GtkContainer * container, guint border_width);
```

参数说明：container 是容器名称，border_width 是容器边缘大小。

返回值：无。

例：

```
gtk_container_set_border_width (GTK_CONTAINER (window), 100);  /* 将窗口 window 的边界宽度
                                                                   设为 100 */
```

8）GTK+的循环函数：gtk_main()；

在每个 GTK+应用软件中都会看到一个函数 gtk_main()。当程序运行到 gtk_main()，GTK+会“睡着”等待事件的发生，如按钮或键盘按下、超时或文件 IO 通知发生。

函数原型：

```
void gtk_main(void);
```

该函数无参数，无返回值。

9）结束 GTK+程序：gtk_main_quit()；

函数原型：

```
void gtk_main_quit(void);
```

该函数无参数，无返回值。

10）创建按钮

建立按钮时可以带标号或不带标号。

• 创建一个不带标号的按钮(gtk_button_new()；)。

函数原型：

```
GtkWidget * gtk_button_new(void);
```

返回值：新的按钮。

• 创建一个带标号的按钮(gtk_button_new_with_label()；)。

函数原型：

```
GtkWidget * gtk_button_new with_label (const gchar * label);
```

参数：label 是按钮标号信息。

返回值：新的按钮。

例：

```
link_button = gtk_button_new_with_label("连接");   /* 创建名为 link_button 的按钮,并带有"连
                                                    接"标号 */
```

11）信号和回调函数

• 信号处理函数：g_signal_connect()；

GTK 是一个事件驱动的工具包，程序启动后会在 gtk_main()处等待，直到下一个事件发生，才把控制权传给适当的函数。控制权的传递是使用"信号"的方法完成。当一个事件发生时，如按一下鼠标键，所按的构件会"发出"适当的信号。这就是 GTK 的工作机制。要使一个按钮执行一个动作，需设置信号和信号处理函数之间的连接。信号处理函数 g_signal_connect 可以连接一个信号到一个回调函数，从而 GTK 可以完成用户的请求。该函数定义如下。

函数原型：

```
Gulong g_signal_connect( gpointer * object,const gchar * name,GCallback func,gpointer data );
```

参数说明：object 是要发出信号的构件；name 是要连接的信号的名称；func 是信号被捕获时所要调用的回调函数；data 是要传递给回调函数 func 的数据。

该函数与 gtk_signal_connect 函数功能相同。

• 回调函数：参数 func 指定的函数叫做回调函数，一般为下面的形式。

```
void callback_func( GtkWidget * widget, gpointer callback_data );
```

参数说明：widget 是产生信号的构件，callback_data 是函数 g_signal_connect()最后一个参数。

例：

```
gtk_signal_connect(GTK_OBJECT(send),"clicked",GTK_SIGNAL_FUNC(send_text),NULL);  /* 当按
键 send 收到"chlicked"信号时,调用 send_text()函数,并以 NULL 作为其参数 */
```

12）创建文本框构件：gtk_text_view_new()；

函数原型：

```
GtkWidget * gtk_text_view_new(void);
```

返回值：调用成功返回新的文本框构件。

例：

```
show_text = gtk_text_view_new();          /* 创建名为 show_text 的文本框 */
```

13）获取文本框的缓冲区：gtk_text_view_get_buffer ()；

函数原型：

```
GtkTextBuffer * gtk_text_view_get_buffer (GtkTextView * text_view);
```

返回值：调用成功返回文本框缓冲区。

例：

```
show_buffer = gtk_text_view_get_buffer(GTK_TEXT_VIEW(show_text));   /* 获取 show_text 文本框
                                                                       的缓冲区 */
```

14）文本框文字的插入和删除：gtk_text_buffer_get_bounds()；

对文本框文字的插入和删除之前都需要得到当前 buffer 中开始位置、结束位置 Iter。可以用函数 gtk_text_buffer_get_bounds 来实现获得文本框的标签盒，该函数定义如下：

函数原型：

```
void gtk_text_buffer_get_bounds(GtkTextBuffer * buffer,GtkTextIter * start, GtkTextIter * end);
```

参数说明：buffer 是文本框的缓冲区；start 是文本框文字开始位置的 iter；end 是文本框文字结束位置的 iter。

返回值：无

15）向缓冲区插入文字：gtk_text_buffer_insert()；

函数原型：

```
void gtk_text_buffer_insert(GtkTextBuffer * buffer,GtkTextIter * iter,const gchar * text,
gint len);
```

参数说明：buffer 是文本框构件的缓冲区；iter 是插入的位置；text 是插入的文本；len 是插入的文本长度。

16）缓冲区内容删除：gtk_text_buffer_delete()；

函数原型：

```
void gtk_text_buffer_delete(GtkTextBuffer * buffer,GtkTextIter * start,GtkTextIter * end);
```

参数说明：buffer 是文本构件的缓冲区；start 是文本框文字开始位置的 iter；end 是文本框文字结束位置的 iter。

返回值：无。

17）文本框缓冲区文本的获得：gtk_text_buffer_get_text()；

函数原型：

```
gchar * gtk_text_buffer_get_text(GtkTextBuffer * buffer,const GtkTextIter * start,const
GtkTextIter * end,gboolean include_hidden_chars)
```

参数说明：buffer 是文本构件的缓冲区；start 是文本框文字开始位置的 iter；end 是文本框文字结束位置的 iter；include_hidden_chars 用于设置是否包含看不见的文本。

返回值：调用成功返回文本框缓冲区文本。

18）文本框缓冲区文本的设置：gtk_text_buffer_set_text()；

函数原型：

```
void gtk_text_buffer_set_text(GtkTextBuffer * buffer,const gchar * text, gint len);
```

参数说明：buffer 是文本构件的缓冲区；start 是文本框文字开始位置的 iter；end 是文本框文字结束位置的 iter；text 是要设置的文本。

返回值：调用成功会删除原有缓冲区内容，然后用 text 的内容代替。

19）创建滚动窗口构件：gtk_scrolled_window_new()；

滚动窗口构件(GtkScrolledWindow)用于创建一个可滚动区域，并将其他构件放入其中。可以在滚动窗口中插入任何其他构件，在其内部的构件不论尺寸大小都可以通过滚动条访问到。

函数原型：

```
GtkWidget * gtk_scrolled_window_new( GtkAdjustment * hadjustment, GtkAdjustment * vadjustment );
```

参数说明：hadjustment 是水平方向的调整对象，vadjustment 是垂直方向的调整对象，一般设置为 NULL。

返回值：无。

例：

```
scrolled1 = gtk_scrolled_window_new(NULL,NULL);      /* 创建名为 scrolled1 滚动窗口构件 */
```

20）设置滚动条出现的方式：gtk_scrolled_window_set_policy()；

函数原型：

```
void gtk_scrolled_window_set_policy( GtkScrolledWindow * scrooled_window, GtkPolicyType
hscrollbar_policy, GtkPolicyType vscrollbar_policy );
```

参数说明：hscrollbar_policy 是水平滚动条出现的方式；vscrollbar_policy 是垂直滚动条出现的方式。

滚动条的方式取值可以为 GTK_POLICY_AUTOMATIC 或 GTK_POLICY_ALWAYS。当要求滚动条根据需要自动出现时，可设为 GTK_POLICY_AUTOMATIC；若设为 GTK_POLICY_ALWAYS，滚动条会一直出现在滚动窗口构件上。

返回值：无。

21）将子构件添加到滚动窗口构件：gtk_scrolled_window_add_with_viewport()；

函数原型：

```
void gtk_scrolled_window_add_with_viewport(GtkScrolledWindow * scrolled_window, GtkWidget *
child);
```

参数说明：scrolled_window 是滚动窗口构件，child 是子构件。

返回值：无。

例：

```
gtk_scrolled_window_add_with_viewport(GTK_SCROLLED_WINDOW(scrolled1),show_text);     /*把子构件 show_text 添加到滚动窗口构件 scrolled1*/
```

4. GTK+程序的编译

编译 GTK+程序时，需要在 gcc 编译命令后面添加："`pkg-config --cflags --libs gtk+-2.0`"。例如下面例 9-1GTK+示例程序 gtk1.c 的编译命令为：

```
$ gcc -o gtk1 gtk1.c `pkg-config --cflags --libs gtk+-2.0`
```

注意：要把"`"和"'"分清。命令引用要用前面的引号，不是常用的单引号，而是键盘上 Esc 键下面的那个键。

例 9-1 利用 GTK+函数库编写的窗口程序。

```
/*gtk1.c*/
#include<gtk/gtk.h>
void hello(GtkWidget *widget,gpointer data)          /*exit 按钮的回调函数*/
{
  g_print("Hello Ubuntu!\n");                        /*打印信息*/
}
void destroy(GtkWidget *widget,gpointer data)        /*关闭窗口的回调函数*/
{
  gtk_main_quit();                                   /*退出 GTK+程序*/
}
int main( int argc, char *argv[] )
{
  GtkWidget *window;
  GtkWidget *button;
  gtk_init (&argc, &argv);                           /*初始化 GTK+程序*/
  window = gtk_window_new (GTK_WINDOW_TOPLEVEL);     /*创建一个新窗口*/
  gtk_window_set_title(GTK_WINDOW(window),"GTK example");     /*设置窗口标题*/
  gtk_widget_set_size_request(windos, 200,200);      /*设置窗口大小*/
  g_signal_connect (GTK_OBJECT (window), "destroy",GTK_SIGNAL_FUNC (destroy), NULL);   /*设置窗口关闭信号与回调函数 destory 之间的连接*/
  gtk_container_set_border_width (GTK_CONTAINER (window), 60);  /*设置窗口的边框宽度*/
  button = gtk_button_new_with_label ("exit!");      /*创建新按钮并设置按钮显示信息*/
  g_signal_connect (GTK_OBJECT (button), "clicked",GTK_SIGNAL_FUNC (hello), NULL);    /*当按钮收到"clicked"信号时,会连接 hello()函数,并以 NULL 作为其参数*/
  gtk_container_add (GTK_CONTAINER (window), button); /*把按钮加入主窗口*/
  gtk_widget_show (button);                          /*显示按钮*/
  gtk_widget_show (window);                          /*显示窗口*/
  gtk_main();                                        /*进入睡眠状态,等待事件激活*/
  return(0);
}
```

程序运行结果如图 9-1 所示。

图 9-1 程序 gtk1 的运行界面

9.5 参考程序

1. 头文件：gtk-socket.h

```
#include <gtk/gtk.h>                    /* Linux 下图形界面开发包 */
#include <stdio.h>
#include <string.h>
#include <stdlib.h>
#include <sys/types.h>
#include <sys/socket.h>
#include <netinet/in.h>
#include <arpa/inet.h>
#include <errno.h>
#include <semaphore.h>
#include <unistd.h>
#include <pthread.h>
#define PORT 8888                       /* 端口号 */
#define MAXSIZE 1024
```

2. 客户端程序：gtk-client.c

```
#include "gtk-socket.h"
int build_socket(const char *);              /* 建立 socket */
void send_text(void);                        /* 发送文本 */
void send_func(const char *);                /* 发送函数 */
void *recv_func(void *);                     /* 接收函数 */
void show_remote_text(char rcvd_mess[]);     /* 窗体接收框中显示接收的内容 */
void clean_send_text(void);                  /* 清空发送框中的数据 */
void show_err(char *err);                    /* 报错函数 */
int issucceed = -1;
GtkTextBuffer *show_buffer, *input_buffer, *ip_buffer;   /* 接收框,发送框,IP 地址输入
                                                            框 */
int sockfd;
struct sockaddr_in saddr;
void get_ip(GtkWidget *,gpointer);           /* IP 链接函数 */
void quit_win(GtkWidget *,gpointer);         /* 退出窗体函数 */
```

```
void show_remote_text(char rcvd_mess[])     /* 显示接收的内容 */
{
  GtkTextIter start,end;
  gtk_text_buffer_get_bounds(GTK_TEXT_BUFFER(show_buffer),&start,&end);  /* 获得缓冲区开
始和结束位置的 Iter */
  gtk_text_buffer_insert(GTK_TEXT_BUFFER(show_buffer),&end,"他说:\n",8);  /* 插入文本到
                                                                            缓冲区 */
gtk_text_buffer_insert(GTK_TEXT_BUFFER(show_buffer),&end,rcvd_mess,strlen(rcvd_mess) - 1);
  /* 插入文本到缓冲区 */
  gtk_text_buffer_insert(GTK_TEXT_BUFFER(show_buffer),&end,"\n",1);  /* 插入换行到缓冲
                                                                        区 */
}
void show_local_text(const gchar * text)    /* 在输出框中显示接收或发送的内容 */
{
  GtkTextIter start,end;
  gtk_text_buffer_get_bounds(GTK_TEXT_BUFFER(show_buffer),&start,&end);
  /* 获得缓冲区开始和结束位置的 Iter */
  gtk_text_buffer_insert(GTK_TEXT_BUFFER(show_buffer),&end,"我说:\n",8);
  /* 插入文本到缓冲区 */
  gtk_text_buffer_insert(GTK_TEXT_BUFFER(show_buffer),&end,text,strlen(text));
  /* 插入文本到缓冲区 */
  gtk_text_buffer_insert(GTK_TEXT_BUFFER(show_buffer),&end,"\n",1);
  /* 插入文本到缓冲区 */
}
void clean_send_text()                      /* 清除输入框的内容 */
{
  GtkTextIter start,end;
  gtk_text_buffer_get_bounds(GTK_TEXT_BUFFER(input_buffer),&start,&end);
  /* 获得缓冲区开始和结束位置的 Iter */
  gtk_text_buffer_delete(GTK_TEXT_BUFFER(input_buffer),&start,&end);
  /* 插入到缓冲区 */
}
void send_text()                            /* 发送输入框中的内容 */
{
  GtkTextIter start,end;
  gchar * text;
  if(issucceed== - 1)
  {
     show_err("未建立链接...\n");
  }
  else
  {
     text = (gchar * )malloc(MAXSIZE);
     if(text== NULL)
     {
      printf("Malloc error!\n");
      exit(1);
     }
     //获得缓冲区中的内容
     gtk_text_buffer_get_bounds(GTK_TEXT_BUFFER(input_buffer),&start,&end);
```

```
        text = gtk_text_buffer_get_text(GTK_TEXT_BUFFER(input_buffer),&start,&end,FALSE);
        if(strcmp(text,"")! = 0)
        {
            send_func(text);
            clean_send_text();
            show_local_text(text);
        }
        else
            show_err("消息不能为空...\n");
        free(text);
    }
}
void show_err(char * err)                          /* 显示错误函数 */
{
    GtkTextIter start,end;
    gtk_text_buffer_get_bounds(GTK_TEXT_BUFFER(show_buffer),&start,&end);   /* 获得缓冲区开
始和结束位置的 Iter */
    gtk_text_buffer_insert(GTK_TEXT_BUFFER(show_buffer),&end,err,strlen(err));
}
void get_ip(GtkWidget * button,gpointer ip_text) /* 获取 IP 链接服务 */
{
    gchar * serv_ip;
    int res;
    serv_ip = (gchar * )gtk_entry_get_text(GTK_ENTRY((GtkWidget * )ip_text));
    res = build_socket(serv_ip);
    if(res== 1)
        show_err("IP 地址无效...\n");
    else if(res== -1)
        show_err("链接失败... \n");                /* 插入文本到缓冲区 */
    else{
        show_err("连接成功... \n");
        issucceed = 0;
    }
}
void quit_win(GtkWidget * window,gpointer data)  /* 退出函数 */
{
    gtk_main_quit();
}
int build_socket(const char * serv_ip)             /* 建立 socket 连接 */
{
    int res;
    pthread_t recv_thread;
    pthread_attr_t thread_attr;                    /* 定义线程的标识 ID */
    res = pthread_attr_init(&thread_attr);         /* 创建线程的属性对象 */
    if(res! = 0)
    {
        perror("设置失败!");
        exit(EXIT_FAILURE);
    }
    sockfd = socket(AF_INET,SOCK_DGRAM,0);
```

```
    if(sockfd== -1)
    {
        perror("套接字创建错误!");
        exit(1);
    }
   bzero(&saddr,sizeof(saddr));
   //saddr 中相应参数的设置(端口等)
    saddr.sin_family = AF_INET;
    saddr.sin_port = htons(PORT);
    res = inet_pton(AF_INET,serv_ip,&saddr.sin_addr);
    if(res== 0)
    {
        return 1;
    }
    else if(res== -1)
    {
        return -1;
    }
    //设置线程的脱离状态
    res = pthread_attr_setdetachstate(&thread_attr,PTHREAD_CREATE_DETACHED);
    if(res! = 0)
    {
        perror("线程设置失败");
        exit(EXIT_FAILURE);
    }
    res = pthread_create(&recv_thread,&thread_attr,&recv_func,NULL);   /* 创建线程 */
    if(res! = 0)
    {
        perror("线程创建失败");
        exit(EXIT_FAILURE);
    }
    (void)pthread_attr_destroy(&thread_attr);      /* 回收线程 */
    return 0;
}
void send_func(const char * text)                    /* 发送数据到服务器中 */
{
    int n;
    socklen_t len = sizeof(saddr);
    n = sendto(sockfd,text,MAXSIZE,0,(const struct sockaddr * )&saddr,len);
    if(n<0)
    {
       perror("发送错误!");
       exit(1);
    }
}
void * recv_func(void * arg)          /* 接收服务器端的信息并将其显示到相应的文本框中 */
{
    char rcvd_mess[MAXSIZE];
    while(1)
    {
```

```
        bzero(rcvd_mess,MAXSIZE);
        if(recvfrom(sockfd,rcvd_mess,MAXSIZE,0,NULL,NULL)<0)   /*阻塞直到收到客户端发
                                                                  的消息*/
        {
          perror("服务器接收错误!");
          exit(1);
        }
        show_remote_text(rcvd_mess);
      }
    }
    int main(int argc,char **argv)          /*主函数*/
    {
      GtkWidget *window;                    /*定义一个GTK窗体*/
      GtkWidget *show_text,*input_text,*ip_text;     /*定义接收显示框,发送输入框,Ip框*/
      GtkWidget *ip_label,*space_label;   /*定义空格标签*/
      GtkWidget *link_button,*send_button,*quit_button;   /*连接按钮,发送按钮,退出按钮*/
      GtkWidget *hbox,*vbox;
      GtkWidget *scrolled1,*scrolled2;    /*滚动条*/
      gtk_init(&argc,&argv);                /*初始化*/
      /*设置窗体相应信息(标题,大小,位置等)*/
      window=gtk_window_new(GTK_WINDOW_TOPLEVEL);
      gtk_window_set_title(GTK_WINDOW(window),"客户端");
      gtk_window_set_position(GTK_WINDOW(window),GTK_WIN_POS_CENTER);
      gtk_window_set_default_size(GTK_WINDOW(window),430,320);
      g_signal_connect(GTK_OBJECT(window),"destroy",GTK_SIGNAL_FUNC(quit_win),NULL);
      //初始化退出按钮
      ip_label=gtk_label_new("IP:");
      space_label=gtk_label_new(" ");
      //设置连接、发送、关闭等按钮
      link_button=gtk_button_new_with_label("连接");
      send_button=gtk_button_new_with_label("发送");
      quit_button=gtk_button_new_with_label("关闭");
      //设置文本框(输入文本框和输出文本框、IP文本框)
      ip_text=gtk_entry_new();
      show_text=gtk_text_view_new();
      input_text=gtk_text_view_new();
      gtk_entry_set_max_length(GTK_ENTRY(ip_text),15);       /*设置IP文本框的最大长度*/
      //获得输入和输出文本框的缓冲
      show_buffer=gtk_text_view_get_buffer(GTK_TEXT_VIEW(show_text));
      input_buffer=gtk_text_view_get_buffer(GTK_TEXT_VIEW(input_text));
      ip_buffer=gtk_text_view_get_buffer(GTK_TEXT_VIEW(ip_text));
      //设置输出文本框不可编辑
      gtk_text_view_set_editable(GTK_TEXT_VIEW(show_text),FALSE);
      //为两个文本框设置滚动条
      scrolled1=gtk_scrolled_window_new(NULL,NULL);
      scrolled2=gtk_scrolled_window_new(NULL,NULL);
      //将滚动条加入到文本框中
    gtk_scrolled_window_add_with_viewport(GTK_SCROLLED_WINDOW(scrolled1),show_text);
    gtk_scrolled_window_add_with_viewport(GTK_SCROLLED_WINDOW(scrolled2),input_text);
```

```
  gtk_scrolled_window_set_policy(GTK_SCROLLED_WINDOW(scrolled1),GTK_POLICY_AUTOMATIC,GTK_
POLICY_AUTOMATIC);
  gtk_scrolled_window_set_policy(GTK_SCROLLED_WINDOW(scrolled2),GTK_POLICY_AUTOMATIC,GTK_
POLICY_AUTOMATIC);
  hbox = gtk_hbox_new(FALSE,2);
  vbox = gtk_vbox_new(FALSE,2);
  //单击关闭按钮关闭窗口
g_signal_connect(GTK_OBJECT(quit_button),"clicked",GTK_SIGNAL_FUNC(quit_win),NULL);
  //单击连接 IP 连接相应的服务器
g_signal_connect(GTK_OBJECT(link_button),"clicked",GTK_SIGNAL_FUNC(get_ip),ip_text);
  //窗口中控件的相关属性
  gtk_box_pack_start(GTK_BOX(hbox),ip_label,FALSE,FALSE,2);
  gtk_box_pack_start(GTK_BOX(hbox),ip_text,FALSE,FALSE,2);
  gtk_box_pack_start(GTK_BOX(hbox),link_button,FALSE,FALSE,2);
  gtk_box_pack_start(GTK_BOX(hbox),space_label,TRUE,TRUE,2);
  gtk_box_pack_start(GTK_BOX(hbox),send_button,FALSE,FALSE,2);
  gtk_box_pack_start(GTK_BOX(hbox),quit_button,FALSE,FALSE,2);
  gtk_box_pack_start(GTK_BOX(vbox),scrolled1,TRUE,TRUE,2);
  gtk_box_pack_start(GTK_BOX(vbox),scrolled2,FALSE,FALSE,2);
  gtk_box_pack_start(GTK_BOX(vbox),hbox,FALSE,FALSE,2);
  gtk_container_add(GTK_CONTAINER(window),vbox);
  //单击发送按钮发送输入框中的内容
gtk_signal_connect(GTK_OBJECT(send_button),"clicked",GTK_SIGNAL_FUNC(send_text),NULL);
  gtk_widget_show_all(window);
  gtk_main();
  return 0;
}
```

3. 服务器端：gtk-server.c

```
#include "gtk-socket.h"
//定义的各种函数
void build_socket();
void send_text(void);
void show_remote_text(char rcvd_mess[]);
void clean_send_text(void);
void show_err(char *err);
GtkTextBuffer *show_buffer, *input_buffer;
void quit_win(GtkWidget *,gpointer);
GtkWidget *show_text, *input_text, *ip_text;
GtkWidget *ip_label, *space_label;
void send_func(const char *);
void *recv_func(void *);
int sockfd;
struct sockaddr_in saddr,caddr;
socklen_t len = sizeof(caddr);                 /*函数的功能与客户端的类似*/
void *recv_func(void *arg)                     /*服务器端接收*/
{
  char recv_text[MAXSIZE];
```

```
    while(1)
    {
      if(recvfrom(sockfd,recv_text,sizeof(recv_text),0,(struct sockaddr * )&caddr,&len)< 0)
      {
        perror("服务器接收错误");
        exit(1);
      }
      show_remote_text(recv_text);
    }
}
void send_func(const char * text)                    /* 服务器端发送 */
{
    int n;
    n = sendto(sockfd,text,MAXSIZE,0,(const struct sockaddr * )&caddr,len);
    if(n < 0)
    {
      perror("发送错误!");
      exit(1);
    }
}
void quit_win(GtkWidget * window,gpointer data)    //退出窗体函数
{
    gtk_main_quit();
}
void show_remote_text(char rcvd_mess[])              //显示接收的内容
{
    GtkTextIter start,end;
    /* 获得缓冲区开始和结束位置的 Iter */
    gtk_text_buffer_get_bounds(GTK_TEXT_BUFFER(show_buffer),&start,&end);
    /* 插入文本到缓冲区 */
    gtk_text_buffer_insert(GTK_TEXT_BUFFER(show_buffer),&end,"他说:\n",8);   /* 插入文本到
                                                                              缓冲区 */
gtk_text_buffer_insert(GTK_TEXT_BUFFER(show_buffer),&end,rcvd_mess,strlen(rcvd_mess) - 1);
    gtk_text_buffer_insert(GTK_TEXT_BUFFER(show_buffer),&end,"\n",1);
}
void show_local_text(const gchar * text)             //显示发送的数据
{
    GtkTextIter start,end;
    /* 获得缓冲区开始和结束位置的 Iter */
    gtk_text_buffer_get_bounds(GTK_TEXT_BUFFER(show_buffer),&start,&end);
    /* 插入文本到缓冲区 */
    gtk_text_buffer_insert(GTK_TEXT_BUFFER(show_buffer),&end,"我说:\n",8);
    /* 插入文本到缓冲区 */
    gtk_text_buffer_insert(GTK_TEXT_BUFFER(show_buffer),&end,text,strlen(text));
    gtk_text_buffer_insert(GTK_TEXT_BUFFER(show_buffer),&end,"\n",1);
}
void clean_send_text()                               //清空发送的数据
{
    GtkTextIter start,end;
    /* 获得缓冲区开始和结束位置的 Iter */
```

```
    gtk_text_buffer_get_bounds(GTK_TEXT_BUFFER(input_buffer),&start,&end);
    gtk_text_buffer_delete(GTK_TEXT_BUFFER(input_buffer),&start,&end);   /*插入到缓冲区*/
}
void send_text()                                  //发送输入框中的内容
{
    GtkTextIter start,end;
    gchar *text;
    text = (gchar *)malloc(MAXSIZE);
    if(text== NULL)
    {
      printf("动态获取内存错误!\n");
      exit(1);
    }
    //获得缓冲区中的内容
gtk_text_buffer_get_bounds(GTK_TEXT_BUFFER(input_buffer),&start,&end);
text = gtk_text_buffer_get_text(GTK_TEXT_BUFFER(input_buffer),&start,&end,FALSE);
    if(strcmp(text,"")!= 0)
    {
       send_func(text);
       clean_send_text();
       show_local_text(text);
    }
    else
       show_err("消息不能为空!\n");
    free(text);                                   //释放资源
}
void show_err(char *err)                          //报错函数
{
    GtkTextIter start,end;
    gtk_text_buffer_get_bounds(GTK_TEXT_BUFFER(show_buffer),&start,&end);   /*获得缓冲区开
始和结束位置的Iter*/
    gtk_text_buffer_insert(GTK_TEXT_BUFFER(show_buffer),&end,err,strlen(err));
}
void build_socket()                               //建立服务
{
    int res;
    pthread_t recv_thread;                        //线程的id号
    pthread_attr_t thread_attr;
    //创建线程的属性对象
    res = pthread_attr_init(&thread_attr);
    if(res!= 0)
    {
      perror("设置失败!");
      exit(EXIT_FAILURE);
    }
    if((sockfd = socket(AF_INET,SOCK_DGRAM,0))< 0)
    {
      perror("套接字创建失败");
      exit(1);
    }
```

```
    bzero(&saddr,sizeof(struct sockaddr));
    saddr.sin_family = AF_INET;
    saddr.sin_addr.s_addr = htonl(INADDR_ANY);
    saddr.sin_port = htons(PORT);
    if(bind(sockfd,(struct sockaddr * )&saddr,sizeof(struct sockaddr_in))== - 1)
    {
      perror("绑定失败");
      exit(1);
    }
    //设置线程的脱离状态
    res = pthread_attr_setdetachstate(&thread_attr,PTHREAD_CREATE_DETACHED);
    if(res! = 0)
    {
      perror("线程设置失败");
      exit(EXIT_FAILURE);
    }
    show_err("服务器启动...\n");
    res = pthread_create(&recv_thread,&thread_attr,recv_func,NULL);
    if(res! = 0)
    {
      perror("线程创建失败");
      exit(EXIT_FAILURE);
    }
    //回收线程
    (void)pthread_attr_destroy(&thread_attr);
}
int main(int argc,char ** argv)
{
    GtkWidget * window;
    GtkWidget * show_text, * input_text;
    GtkWidget * space_label;
    GtkWidget * send_button, * quit_button, * link_button;
    GtkWidget * hbox, * vbox;
    GtkWidget * scrolled1, * scrolled2;
    gtk_init(&argc,&argv);
    window = gtk_window_new(GTK_WINDOW_TOPLEVEL);
    gtk_window_set_title(GTK_WINDOW(window),"服务器端");
    gtk_window_set_position(GTK_WINDOW(window),GTK_WIN_POS_CENTER);
    gtk_window_set_default_size(GTK_WINDOW(window),430,320);
    //初始化退出按钮
    g_signal_connect(GTK_OBJECT(window),"destroy",GTK_SIGNAL_FUNC(quit_win),NULL);
    space_label = gtk_label_new(" ");
    //设置连接、发送、关闭等按钮
    link_button = gtk_button_new_with_label("启动");
    send_button = gtk_button_new_with_label("发送");
    quit_button = gtk_button_new_with_label("关闭");
    //设置文本框(输入文本框和输出文本框、IP 文本框)
    show_text = gtk_text_view_new();
    input_text = gtk_text_view_new();
    //获得输入和输出文本框的缓冲
```

```
    show_buffer = gtk_text_view_get_buffer(GTK_TEXT_VIEW(show_text));
    input_buffer = gtk_text_view_get_buffer(GTK_TEXT_VIEW(input_text));
    //设置输出文本框不可编辑
    gtk_text_view_set_editable(GTK_TEXT_VIEW(show_text),FALSE);
    //为两个文本框设置滚动条
    scrolled1 = gtk_scrolled_window_new(NULL,NULL);
    scrolled2 = gtk_scrolled_window_new(NULL,NULL);
    //将滚动条加入到文本框中
gtk_scrolled_window_add_with_viewport(GTK_SCROLLED_WINDOW(scrolled1),show_text);
gtk_scrolled_window_add_with_viewport(GTK_SCROLLED_WINDOW(scrolled2),input_text);
    gtk_scrolled_window_set_policy(GTK_SCROLLED_WINDOW(scrolled1),GTK_POLICY_AUTOMATIC,GTK_
POLICY_AUTOMATIC);
    gtk_scrolled_window_set_policy(GTK_SCROLLED_WINDOW(scrolled2),GTK_POLICY_AUTOMATIC,GTK_
POLICY_AUTOMATIC);
    hbox = gtk_hbox_new(FALSE,2);
    vbox = gtk_vbox_new(FALSE,2);
    //单击关闭按钮关闭窗口
    g_signal_connect(GTK_OBJECT(quit_button),"clicked",GTK_SIGNAL_FUNC(quit_win),NULL);
    //窗口中控件的相关属性
        gtk_box_pack_start(GTK_BOX(hbox),link_button,FALSE,FALSE,2);
        gtk_box_pack_start(GTK_BOX(hbox),space_label,TRUE,TRUE,2);
        gtk_box_pack_start(GTK_BOX(hbox),send_button,FALSE,FALSE,2);
        gtk_box_pack_start(GTK_BOX(hbox),quit_button,FALSE,FALSE,2);
        gtk_box_pack_start(GTK_BOX(vbox),scrolled1,TRUE,TRUE,2);
        gtk_box_pack_start(GTK_BOX(vbox),scrolled2,FALSE,FALSE,2);
        gtk_box_pack_start(GTK_BOX(vbox),hbox,FALSE,FALSE,2);
        gtk_container_add(GTK_CONTAINER(window),vbox);
        //单击发送发送输入框中的内容
        gtk_signal_connect(GTK_OBJECT(send_button),"clicked",GTK_SIGNAL_FUNC(send_text),
NULL);
    gtk_signal_connect(GTK_OBJECT(link_button),"clicked",GTK_SIGNAL_FUNC(build_socket),
NULL);
        gtk_widget_show_all(window);
        gtk_main();
        return 0;
}
```

程序说明:

本程序是一个基于套接字、GTK 图形界面开发库以及 C 语言实现了 Linux 环境下的图形界面的聊天工具。编译成功后先运行 gtk-server,单击 start 按钮启动服务器,显示“服务器启动”,如图 9-2 所示。然后在另一个终端运行程序 gtk-client,输入 IP:“127.0.0.1”,显示“连接成功”,如图 9-3 所示。服务器和客户端程序就可以进行聊天了。运行界面如图 9-4和图 9-5 所示。

通过该参考程序,可以了解以下几个方面的内容:

(1) 套接字相关系统调用函数的使用。

(2) 套接字的数据结构。

(3) 线程的创建。

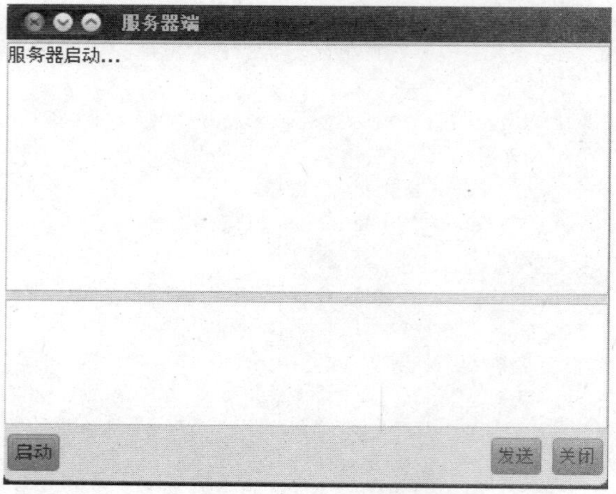

图 9-2　服务器端启动界面

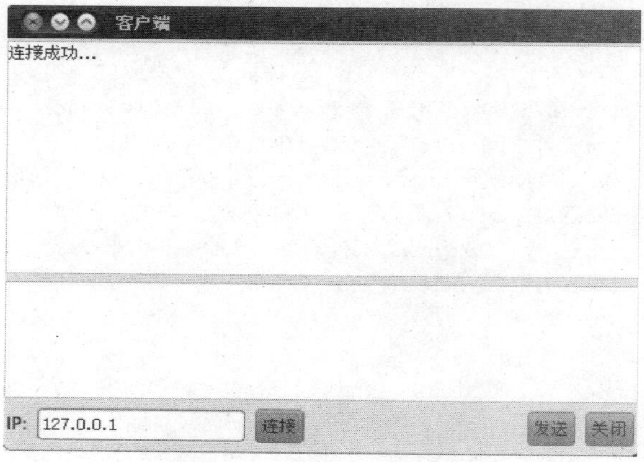

图 9-3　客户端连接成功界面

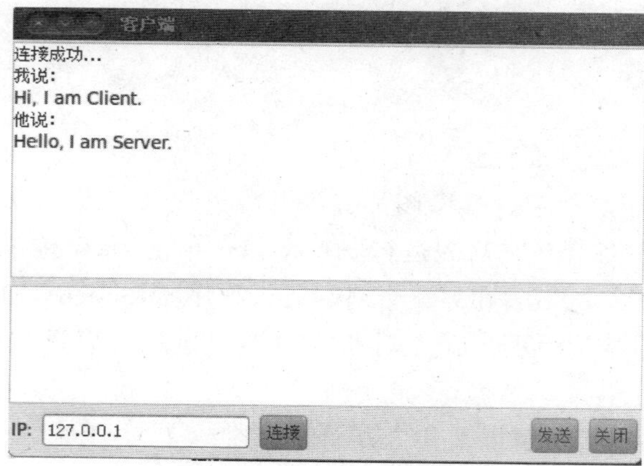

图 9-4　客户端聊天界面

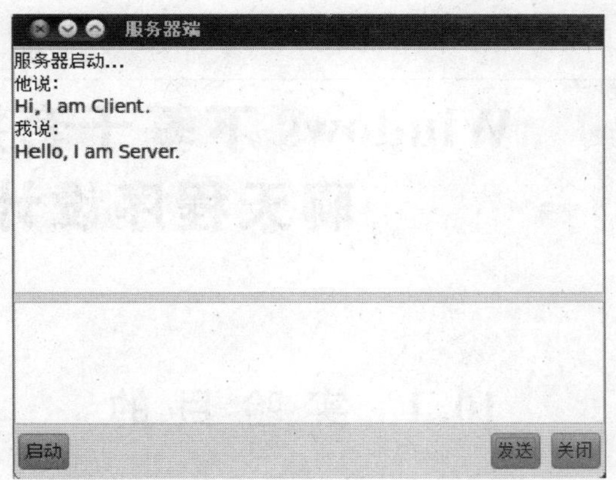

图 9-5　服务器端聊天界面

(4) GTK＋图形界面开发库的安装。

(5) GTK＋常用函数以及 GTK＋程序的编译方法。

第10章 Windows下基于套接字的聊天程序设计

10.1 实验目的

了解和熟悉基于套接字的通信机制，掌握 Windows 环境下利用套接字实现进程间高级通信。

10.2 实验内容

在 Windows 环境下，利用 Java 编程语言设计基于套接字通信机制的聊天程序。

10.3 实验要求

1. 利用多线程机制实现 Socket 聊天程序。
2. 服务器和客户端之间的一对一聊天或服务器转发实现客户端之间的多对多聊天。
3. 具有友好的图形用户界面。

10.4 实验指导

1. 基于 Socket 的聊天程序工作方式

Socket 是 TCP/IP 协议的编程接口，一个 Socket 由一个 IP 地址和一个端口号唯一确定。Socket 由两种模式：流套接字(stream socket)和数据报套接字(datagram socket)。流套接字提供了面向连接的网络服务，采用 TCP 协议；数据报套接字则采用无连接的 UDP 协议。

Java.net 包中提供了支持流套接字开发的 ServerSocket 与 Socket 类。利用这两个类编写网络通信程序的过程如下：

(1) 服务器程序创建一个 ServerSocket 对象，调用 accept()方法等待客户端建立连接。

(2) 客户端程序创建一个 Socket 对象，并请求与服务器建立连接。

(3) 建立连接后，可以用 Socket 类的 getInputStream()和 getOutputStream()方法获得读写数据的输入/输出流。

(4) 通信结束后，双方调用 Socket 类的 close 方法断开连接。

如果实现客户端之间的多对多聊天，服务端程序要同时为多个客户端程序服务，需要在服务端使用多线程。服务端一旦在指定的端口监听到客户端的请求，就启动一个专门的服务线程来响应客户端的请求，而服务端在启动完线程后进入监听状态，等待下一个客户端的请求。

2. Socket 类

客户端要与服务端建立连接，首先要创建一个 Socket 对象。其常用的构造方法如下：

```
public Socket(InetAddress address, int port)throws IOException
```

说明：创建一个指定 IP 地址、指定端口的 Socket 对象，参数 address 给出要连接的服务端的 IP 地址，参数 port 为指定的端口。

例如：用下面的命令创建连接到 IP 地址为 127.0.0.1 的主机 6666 端口的 Socket 对象。

```
Socket socket = new Socket("127.0.0.1", 6666);
```

创建或获取 Socket 对象后，可利用其提供的方法进行相应的操作。Socket 类的常用方法如下：

- public int getInetAddress()——返回此 Socket 连接到的 IP 地址。
- public int getPort()——返回此 Socket 连接到的远程端口。
- public InputStream getInputStream() throws IOException——返回此 Socket 对象的输入流。
- public OutputStream getOutputStream() throws IOException——返回此 Socket 对象的输出流。
- public void close() throws IOException——关闭 Socket。

注意：

(1) 对于服务端，InputStream 表示从客户端发来的字节数据流，OutputStream 表示发送到客户端的字节数据流。

(2) 对于客户端，InputStream 表示从服务端发回的字节数据流，OutputStream 表示发送到服务端的字节数据流。

3. ServerSocket 类

ServerSocket 工作在服务端，用来监听指定的端口并接收客户端的连接请求。ServerSocket 类的常用构造方法如下：

```
Public ServerSocket(int port) throws IOException
```

说明：创建一个具有确定端口号的 ServerSocket 对象。

例：

```
ServerSocket server = new ServerSocket(6666);      /* 创建一个端口号为 6666 的 Socket 对象 */
```

需要注意的是：端口号代表了特定的服务，故必须保证此端口号没有被其他应用程序或服务占用。端口号的范围为 0～65 535，编写网络程序时应使用 1024 以上的端口。因为 0～1023 为系统保留的端口号，分配给了特定的应用协议，例如 21 代表 FTP 服务。

ServerSocket 对象创建后，可利用其提供的方法进行相应的操作。ServerSocket 类的常用方法如下：

- public Socket accept() throws IOException——接收客户端的连接请求，并将与客户端的连接封装成一个 Socket 对象返回。服务器端可用这个 Socket 对象与客户端进行通信。
- public void close() throws IOException——关闭 Socket。
- public int getLocalPort()——返回这个 Socket 的端口号。

10.5 参考程序

1. 服务端程序代码 Server.java

```
import java.awt.*;
import java.awt.event.*;
import javax.swing.*;
import java.io.*;
import java.net.*;
public class Server extends JFrame implements ActionListener
{
  JPanel contentPane;
  JLabel jLabel2 = new JLabel();
  JTextField jTextField2 = new JTextField("4700");
  JButton jButton1 = new JButton();
  JLabel jLabel3 = new JLabel();
  JTextField jTextField3 = new JTextField();
  JButton jButton2 = new JButton();
  JScrollPane jScrollPane1 = new JScrollPane();
  JTextArea jTextArea1 = new JTextArea();
  ServerSocket server = null;
  Socket socket = null;BufferedReader instr = null;PrintWriter os = null ;
  //Construct the frame
  public Server() {
    jbInit();
  }
  class MyThread extends Thread{               //该线程负责接收数据
    public void run(){
      try{
        while(true)
        {
          this.sleep(100);
          instr = new BufferedReader(new InputStreamReader(socket.getInputStream()));
          if(instr.ready())
          {                                    //检查是否有数据
            jTextArea1.append("客户端: " + instr.readLine() + "\n");
          }
        }
      }catch(Exception ex){}
    }
  }
```

```
public void actionPerformed(ActionEvent e){
  if(e.getSource()== jButton1)
  {
    int port = Integer.parseInt(jTextField2.getText().trim());
    listenClient(port);
  }
  if(e.getSource()== jButton2)
  {
    String s = this.jTextField3.getText().trim();
    sendData(s);
  }
}
private void listenClient(int port){              //侦听
  try{
    if(jButton1.getText().trim().equals("侦听"))
    {
      server  =  new ServerSocket(port);
      jButton1.setText("正在侦听...");
      socket = server.accept();                    //等待,一直到客户端连接成功才继续执行
      sendData("已经成功连接...");
      jButton1.setText("正在聊天...");
      jTextArea1.append("客户端已经连接到服务器\n");
      MyThread t = new MyThread();
      t.start();
    }
  }catch(Exception ex){}
}
private void sendData(String s){                  //发送数据
  try{
    os =  new PrintWriter(socket.getOutputStream());
    os.println(s);
    os.flush();
    if(!s.equals("已经成功连接..."))
      this.jTextArea1.append("服务器:" + s + "\n");
    jTextField3.setText("");
  }catch(Exception ex){}
}
//Component initialization
private void jbInit() {
  contentPane  =  (JPanel) this.getContentPane();
  contentPane.setLayout(null);
  this.setSize(new Dimension(540, 340));
  this.setTitle("服务器");
  jLabel2.setBounds(new Rectangle(22, 27, 72, 28));
  jLabel2.setText("端口号");
  jLabel2.setFont(new java.awt.Font("宋体", 0, 14));
  jTextField2.setBounds(new Rectangle(113, 27, 315, 24));
  jButton1.setBounds(new Rectangle(440, 28, 73, 25));
  jButton1.setFont(new java.awt.Font("Dialog", 0, 14));
  jButton1.setBorder(BorderFactory.createEtchedBorder());
```

```
        jButton1.setActionCommand("jButton1");
        jButton1.setText("侦听");
        jLabel3.setBounds(new Rectangle(23, 57, 87, 28));
        jLabel3.setText("请输入信息");
        jLabel3.setFont(new java.awt.Font("宋体", 0, 14));
        jTextField3.setBounds(new Rectangle(114, 60, 314, 24));
        jTextField3.setText("");
        jTextArea1.setEditable(false);
        jButton2.setText("发送");
        jButton2.setActionCommand("jButton1");
        jButton2.setBorder(BorderFactory.createEtchedBorder());
        jButton2.setFont(new java.awt.Font("Dialog", 0, 14));
        jButton2.setBounds(new Rectangle(440, 58, 73, 25));
        jScrollPane1.setBounds(new Rectangle(23, 92, 493, 189));
        contentPane.add(jTextField2, null);
        contentPane.add(jButton1, null);
        contentPane.add(jLabel3, null);
        contentPane.add(jTextField3, null);
        contentPane.add(jButton2, null);
        contentPane.add(jScrollPane1, null);
        contentPane.add(jLabel2, null);
        jScrollPane1.getViewport().add(jTextArea1, null);
        jButton1.addActionListener(this);
        jButton2.addActionListener(this);
        this.addWindowListener(new WindowAdapter(){
          public void windowClosing(WindowEvent e){
            try{
              socket.close();
              instr.close();
              System.exit(0);
            }catch(Exception ex){}
          }
        }
    }
    public static void main(String arg[]){
      JFrame.setDefaultLookAndFeelDecorated(true);
      Server frm = new Server();
      frm.setVisible(true);
    }
}
```

2. 客户端程序代码 Client.java

```
import java.awt.*;
import java.awt.event.*;
import javax.swing.*;
import java.io.*;
import java.net.*;
public class Client extends JFrame implements ActionListener{
```

```
JPanel contentPane;
JLabel jLabel1 = new JLabel();
JTextField jTextField1 = new JTextField("127.0.0.1");
JLabel jLabel2 = new JLabel();
JTextField jTextField2 = new JTextField("4700");
JButton jButton1 = new JButton();
JLabel jLabel3 = new JLabel();
JTextField jTextField3 = new JTextField();
JButton jButton2 = new JButton();
JScrollPane jScrollPane1 = new JScrollPane();       //建立一个新的 JScrollPane 对象,当组件
                                                     //大于显示区域时会自动产生滚动轴
JTextArea jTextArea1 = new JTextArea();
BufferedReader instr = null;
Socket socket = null;
PrintWriter os = null;
public Client() {
  jbInit();                                          //初始化
}
class MyThread extends Thread{
  public void run(){
    try{
      os = new PrintWriter(socket.getOutputStream());
      instr = new BufferedReader(new InputStreamReader(socket.getInputStream()));
      while(true)
      {
        this.sleep(100);
        if(instr.ready())
        {
          jTextArea1.append("服务器: " + instr.readLine() + "\n");
        }
      }
    }catch(Exception ex){}
  }
}
public void actionPerformed(ActionEvent e){
  if(e.getSource()== jButton1)
  {                                                  //连接
    String ip = jTextField3.getText().trim();
    int port = Integer.parseInt(jTextField2.getText().trim());
    connectServer(ip,port);
  }
  if(e.getSource()== jButton2)
  {                                                  //发送
    String s = this.jTextField3.getText().trim();
    sendData(s);
  }
}
private void connectServer(String ip,int port){     //连接
  try{
    if(jButton1.getText().trim().equals("连接")){
```

```
            jButton1.setText("连接服务器...");
            socket = new Socket(ip,port);
            jButton1.setText("正在聊天");
            MyThread t = new MyThread();
            t.start();
        }
    }catch(Exception ex){}
}
private void sendData(String s){            //发送数据
    try{
        os = new PrintWriter(socket.getOutputStream());
        os.println(s);
        os.flush();
        this.jTextArea1.append("客户端:" + s + "\n");
        jTextField3.setText("");
    }catch(Exception ex){}
}
private void jbInit() {
    contentPane = (JPanel) this.getContentPane();
    jLabel1.setFont(new java.awt.Font("宋体", 0, 14));
    jLabel1.setText("服务器名称");
    jLabel1.setBounds(new Rectangle(20, 22, 87, 28));
    contentPane.setLayout(null);
    this.setSize(new Dimension(540, 340)); //设置宽度和高度
    this.setTitle("客户端");
    jTextArea1.setEditable(false);
    jTextField1.setBounds(new Rectangle(114, 26, 108, 24));
    jLabel2.setBounds(new Rectangle(250, 25, 72, 28));
    jLabel2.setText("端口号");
    jLabel2.setFont(new java.awt.Font("宋体", 0, 14));
    jTextField2.setBounds(new Rectangle(320, 27, 108, 24));
    jButton1.setBounds(new Rectangle(440, 28, 73, 25));
    jButton1.setFont(new java.awt.Font("Dialog", 0, 14));
    jButton1.setBorder(BorderFactory.createEtchedBorder());
    jButton1.setActionCommand("jButton1");
    jButton1.setText("连接");
    jLabel3.setBounds(new Rectangle(23, 57, 87, 28));
    jLabel3.setText("请输入信息");
    jLabel3.setFont(new java.awt.Font("宋体", 0, 14));
    jTextField3.setBounds(new Rectangle(114, 60, 314, 24));
    jButton2.setText("发送");
    jButton2.setActionCommand("jButton1");
    jButton2.setBorder(BorderFactory.createEtchedBorder());
    jButton2.setFont(new java.awt.Font("Dialog", 0, 14));
    jButton2.setBounds(new Rectangle(440, 58, 73, 25));
    jScrollPane1.setBounds(new Rectangle(23, 92, 493, 189));
    contentPane.add(jLabel1, null);
    contentPane.add(jTextField1, null);
    contentPane.add(jLabel2, null);
    contentPane.add(jTextField2, null);
```

```
        contentPane.add(jButton1, null);
        contentPane.add(jLabel3, null);
        contentPane.add(jTextField3, null);
        contentPane.add(jButton2, null);
        contentPane.add(jScrollPane1, null);
        jScrollPane1.getViewport().add(jTextArea1, null);
        jButton1.addActionListener(this);
        jButton2.addActionListener(this);
        this.addWindowListener(new WindowAdapter(){
          public void windowClosing(WindowEvent e){
            try{
              socket.close();instr.close();os.close();System.exit(0);
            }catch(Exception ex){}
          }
        });
      }
      public static void main(String arg[]){
        JFrame.setDefaultLookAndFeelDecorated(true);
        Client frm = new Client();
        frm.setVisible(true);
      }
    }
```

程序说明：

服务器端在 4700 端口监听到客户端的连接请求后，启动一个新的线程响应客户端的请求，接收并显示客户端发送过来的消息。客户端连接服务器后，向服务器端发送消息，并接收，显示服务端回送的消息。

先运行服务器端程序，然后运行客户端程序，运行结果如图 10-1 所示。

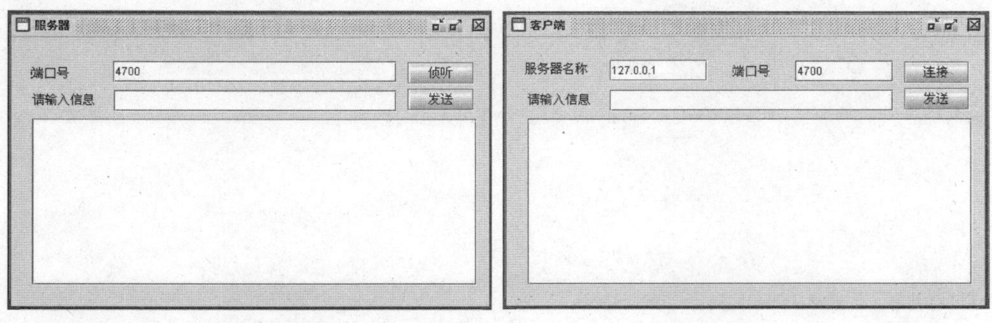

图 10-1　服务器端和客户端初始运行界面

单击服务器端的“侦听”按钮，再单击客户端的“连接”按钮，出现的结果如图 10-2 所示。

服务器端和客户端聊天界面如图 10-3 所示。

通过该参考程序，可以了解以下几个方面的内容：

(1) Java.net 包中提供的 Socket 类和 ServerSocket 类套的使用。

(2) 线程的创建。

(3) Windows 环境中，基于 Socket 类和 ServerSocket 类编写聊天程序的基本步骤。

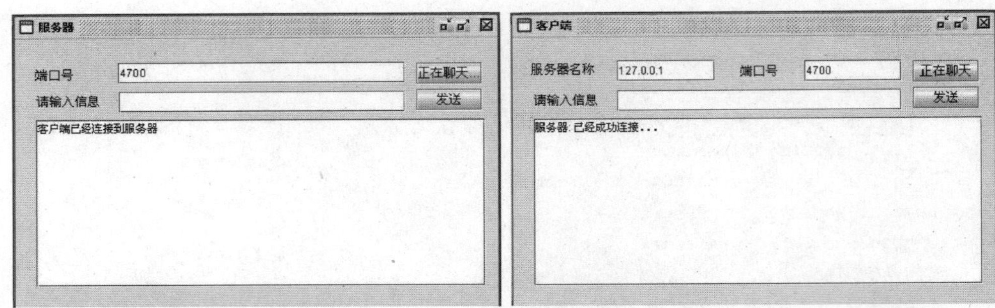

图 10-2　服务器端和客户端连接成功界面

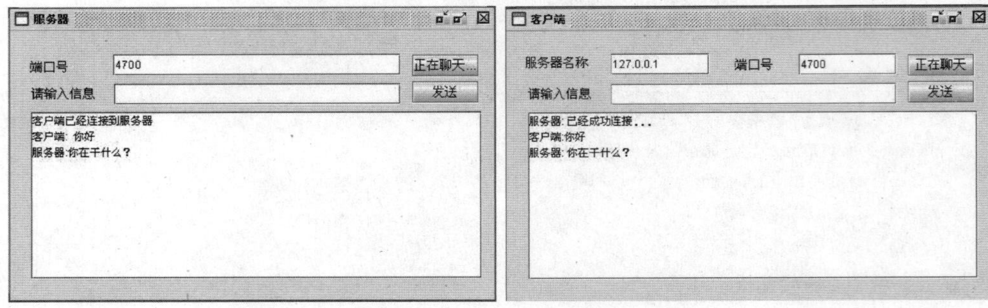

图 10-3　服务器端和客户端聊天界面

第11章 Windows 下二级文件管理系统的设计

11.1 实验目的

通过模拟文件系统的实现，深入了解文件管理系统，初步掌握文件管理系统的实现方法。

11.2 实验内容

编写一程序，模拟一个简单的二级文件管理系统，设计一个较实用的用户界面，方便用户使用。要求做到以下几点：

- 设计一个文件系统，每个用户必须凭密码进入系统。
- 允许用户在一次运行中可以打开多个文件，且只能创建规定大小的文件。
- 系统能检查键入命令的正确性，出错时应能显示出错原因。
- 对文件应能设置保护措施，如操作出错返回提示信息。
- 提供一套文件操作，包括用户登录；系统初始化(建文件卷、提供登录模块)；创建文件；打开文件；读文件；写文件；关闭文件；删除文件；创建目录(建立子目录)；列出文件目录；退出。

11.3 实验指导

1. 设计思想

模拟实现采用二级文件目录结构，第一级为主目录文件 MFD，第二级为用户文件。目录文件 UFD。

在内存中开辟一个虚拟磁盘空间作为文件存储器，在其上实现一个多用户多目录的文件系统。

(1) 文件物理结构可采用显式链接或其他方法。

(2) 磁盘空闲空间的管理可选择位示图或其他方法。

(3) 文件目录结构采用多用户多级目录结构，每个目录项包含文件名、物理地址、长度等信息，还可以通过目录项实现对文件的读和写的保护。

(4) 模拟文件系统的文件数量不多，文件表可采用线性表来存储。线性表每个节点存储一个文件的信息。

2. 主要数据结构

1）i 节点

```
struct node                              //i 节点信息
{
   int file_style;                       //i 节点文件类型
   int file_length;                      //i 节点文件长度
   int file_address[100];                //i 节点文件的物理地址
} i_node[640];
```

2）目录项结构

```
struct dir                               //目录项信息
{
   char file_name[10];                   //文件名
   int i_num;                            //文件的节点号
   char dir_name[10];                    //文件所在的目录
} root[640];
```

3）超级块

```
struct block_super
{
   int n;                                //空闲的盘块的个数
   int free[50];                         //存放进入栈中的空闲块
   int stack[50];                        //存放下一组空闲盘块的地址
}super_block;
```

11.4 参考程序

```
//filesystem2.cpp
#include "stdio.h"
#include <stdlib.h>
#include <conio.h>
#include <string.h>
#include <iostream>                      //这里不能带 h
#include <string>
#include <windows.h>                     //后面的 Sleep 指令会用到
#define size 6
using namespace std;
int physic[100];                         //文件地址缓冲区
int style=1;                             //文件的类型
char cur_dir[10]="root";                 //当前目录
struct command                           //定义指令字的长度
{
  char com[10];
}cmd[12];
```

```
struct block
{
  int n;                                     //空闲的盘块的个数
  int free[50];                              //存放空闲盘块的地址
  int a;                                     //模拟盘块是否被占用
}memory[20449];
struct block_super
{
  int n;                                     //空闲的盘块的个数
  int free[50];                              //存放进入栈中的空闲块
  int stack[50];                             //存放下一组空闲盘块的地址
}super_block;
struct node                                  //i 节点信息
{
  int file_style;                            //i 节点文件类型
  int file_length;                           //i 节点文件长度
  int file_address[100];                     //i 节点文件的物理地址
} i_node[640];
struct dir                                   //目录项信息
{
  char file_name[10];                        //文件名
  int i_num;                                 //文件的节点号
  char dir_name[10];                         //文件所在的目录
} root[640];
void format()                                //格式化
{
  int i,j,k;
  super_block.n = 50;
  for(i = 0;i < 50;i++)                      //超级块初始化
  {
    super_block.free[i] = i;                 //存放进入栈中的空闲块
    super_block.stack[i] = 50 + i;           //存放下一组的盘块
  }
  for(i = 0;i < 640;i++)                     //i 节点信息初始化
  {
    for(j = 0;j < 100;j++)
    {
      i_node[i].file_address[j] = -1;        //文件地址
    }
    i_node[i].file_length = -1;              //文件长度
    i_node[i].file_style = -1;               //文件类型
  }
  for(i = 0;i < 640;i++)                     //根目录信息初始化,都赋值为空串
  {
    strcpy(root[i].file_name,"");
    root[i].i_num = -1;
    strcpy(root[i].dir_name,"");
  }
  for(i = 0;i < 20449;i++)                   //存储空间初始化
  {
```

```
    memory[i].n = 0;           //必须有这个
    memory[i].a = 0;
    for(j = 0;j < 50;j++)
    {
      memory[i].free[j] = -1;
    }
  }
  for(i = 0;i < 20449;i++)     //将空闲块的信息用成组链接的方法写进每组的最后一个块中
  {                            //存储空间初始化
    if((i + 1) % 50== 0)
    {
      k = i + 1;
      for(j = 0;j < 50;j++)
      {
        if(k < 20450)
        {
          memory[i].free[j] = k;    //下一组空闲地址
          memory[i].n++;
          //下一组空闲个数,注意在 memory[i].n++之前要给其赋初值
          k++;
        }
        else
        {
          memory[i].free[j] = -1;
        }
      }
      memory[i].a = 0;         //标记为未使用
      continue;                //处理完用于存储下一组盘块信息的特殊盘块后,跳过本次循环
    }
    for(j = 0;j < 50;j++)
    {
      memory[i].free[j] = -1;
    }
    memory[i].n = 0;
  }
  printf("初始化完成\n");
  printf("欢迎进入文件模拟系统...\n\n");
}
void write_file(FILE * fp)     //将信息读入系统文件中
{
  int i;
  fp = fopen("system","wb");
  for(i = 0;i < 20449;i++)
  {
    fwrite(&memory[i],sizeof(struct block),1,fp);
  }
  fwrite(&super_block,sizeof(struct block_super),1,fp);
  for(i = 0;i < 640;i++)
  {
    fwrite(&i_node[i],sizeof(struct node),1,fp);
```

```
    }
    for(i = 0;i < 640;i++)
    {
      fwrite(&root[i],sizeof(struct dir),1,fp);
    }
    fclose(fp);
}
void read_file(FILE * fp)                              //读出系统文件的信息
{
    int i;
    fp = fopen("system","rb");
    for(i = 0;i < 20449;i++)
    {
      fread(&memory[i],sizeof(struct block),1,fp);
    }
    fread(&super_block,sizeof(struct block_super),1,fp);
    for(i = 0;i < 640;i++)
    {
      fread(&i_node[i],sizeof(struct node),1,fp);
    }
    for(i = 0;i < 640;i++)
    {
      fread(&root[i],sizeof(struct dir),1,fp);
    }
    fclose(fp);
}
void callback(int length)                              //回收磁盘空间
{
    int i,j,k,m,q = 0;
    for(i = length - 1;i >= 0;i-- )
    {
      k = physic[i];                                   //需要提供要回收的文件的地址
      m = 49 - super_block.n;                          //回收到栈中的哪个位置
      if(super_block.n== 50)                           //注意：当 super_block.n== 50 时,m = -1
      {
        //super_block.n== 50 时栈满了,要将栈中的所有地址信息写进下一个地址中
        for(j = 0;j < 50;j++)
        {
          memory[k].free[j] = super_block.free[j];
        }
        super_block.n = 0;
        memory[k].n = 50;
      }
      memory[k].a = 0;
      super_block.free[m] = physic[i];                 //将下一个文件地址中的盘块号回收到栈中
      super_block.n++;
    }
}
void allot(int length)                                 //分配空间
{
```

```
    int i,j,k,m,p;
    for(i = 0;i < length;i++)
    {
      k = 50 - super_block.n;                //超级块中表示空闲块的指针
      m = super_block.free[k];               //栈中的相应盘块的地址
      p = super_block.free[49];              //栈中的最后一个盘块指向的地址
      if(m== -1 || memory[p].a== 1)          //检测是否还有下一组盘块
      {
        printf("内存不足,无法分配空间\n");
        callback(length);
        break;
      }
      if(super_block.n== 1)
      {
        memory[m].a = 1;                     //将最后一个盘块分配掉
        physic[i] = m;
        super_block.n = 0;
        for(j = 0;j < memory[m].n;j++)       //从最后一个盘块中取出下一组盘块号写入栈中
        {
          super_block.free[j] = memory[m].free[j];
          super_block.n++;
        }
        continue;                            //要跳过这次循环,下面的语句在 if 中已经执行过
      }
      physic[i] = m;                         //栈中的相应盘块的地址写进文件地址缓冲区
      memory[m].a = 1;
      super_block.n-- ;
    }
  }
  void create_file(char filename[],int length)          //创建文件
  {
    int i,j;
    for(i = 0;i < 640;i++)                   //不允许有重名文件的存在
    {
      if(strcmp(filename,root[i].file_name)== 0)
      {
        printf("文件无法创建,该文件名已经存在!@_@\n");
        return;
      }
    }
    for(i = 0;i < 640;i++)
    {
      if(root[i].i_num== -1)
      {
        root[i].i_num = i;
        strcpy(root[i].file_name,filename);
        strcpy(root[i].dir_name,cur_dir); //把当前目录名给新建立的文件
        i_node[i].file_style = style;
        i_node[i].file_length = length;
        allot(length);
```

```
            for(j = 0;j < length;j++)
            {
                i_node[i].file_address[j] = physic[j];
            }
            break;
        }
    }
}
void create_dir(char filename[])                    //创建目录
{
    style = 0;                                      //0 代表文件类型是目录文件
    create_file(filename,4);
    style = 1;
    //用完恢复初值,该变量为全局变量,将影响其后的所有 style 变量
}
void del_file(char filename[])                      //删除文件
{
    int i,j,k;
    for(i = 0;i < 640;i++)
    {
        if(strcmp(filename,root[i].file_name)== 0)
        {
            k = root[i].i_num;
            for(j = 0;j < i_node[k].file_length;j++)
            {
                physic[j] = i_node[k].file_address[j];
            }
            callback(i_node[k].file_length);        //调用回收函数
            for(j = 0;j < 100;j++)                  //删除文件后要将文件属性和目录项的各个值
                                                    //恢复初值
            {
                i_node[k].file_address[j] = -1;     //地址恢复初值
            }
            strcpy(root[i].file_name,"");           //文件名恢复初值
            root[i].i_num = -1;                     //目录项的 i 节点信息恢复初值
            strcpy(root[i].dir_name,"");            //目录项的文件目录信息恢复初值
            i_node[k].file_length = -1;             //文件长度恢复
            i_node[k].file_style = -1;              //文件类型恢复初值
            break;
        }
    }
    if(i== 640)
    {
        printf("该文件不存在!\n");
    }
}
void del_dir(char filename[])                       //删除目录,需要判断目录下是否为空,不为空则
                                                    //不删除
{
    int i,j,k;
```

```
  for(i = 0;i < 640;i++)                       //加条件判断要删除的目录是不是当前目录
  {
    k = root[i].i_num;                         //找到目录名字
    if( strcmp(root[i].file_name,filename)== 0 && strcmp(cur_dir,filename)! = 0 && (i_node
[k].file_style)== 0 )
    {
      for(j = 0;j < 640;j++)
      {
        if(strcmp(filename,root[j].dir_name)== 0)
        {
          printf("目录不为空,无法删除!\n");
          break;
        }
      }
      if(j== 640)
      {
        del_file(filename);
        break;
      }
      break;
    }
  }
  if(i== 640)
  {
    printf("非目录文件,或者该目录不存在,或者您正在使用该目录!\n");
  }
}
void display_curdir()                          //显示当前目录下的文件列表
{
  int i,k;
  printf("\t\t 文件名字 文件类型 文件长度 所属目录\n");
  for(i = 0;i < 640;i++)
  {
    if(strcmp(cur_dir,root[i].dir_name)== 0)   //查询文件中所在目录信息和当前目录信息
                                               //相同的数据
    {
      k = root[i].i_num;
      printf("\t\t %s\t",root[i].file_name);   //文件名
      printf("\t %d\t",i_node[k].file_style);  //文件的类型
      printf(" %d\t",i_node[k].file_length);   //文件的长度
      printf(" %s\n",root[i].dir_name);        //文件所在的目录
    }
  }
}
void display_dir(char filename[])              //进入指定的目录
{
  int i,k;
  for(i = 0;i < 640;i++)
  {
    k = root[i].i_num;                         //判断文件类型是不是目录类型
```

```
    if((strcmp(filename,root[i].file_name)== 0) && (i_node[k].file_style== 0))
    {
      strcpy(cur_dir,filename);      //将要进入的指定目录设置为当前目录,赋值不要反了
                                     //strcpy(目的,源)
      break;
    }
  }
  if(i== 640)
  {
    printf("该目录不存在!\n");
  }
}
void open_file(char filename[])      //打开文件
{
  int i,j,k;
  printf("\t\t 文件名字 文件类型 文件长度 所属目录\n");
  for(i = 0;i < 640;i++)
  {
    k = root[i].i_num;
    if(strcmp(filename,root[i].file_name)== 0 && (i_node[k].file_style== 1))
    {
      printf("\t\t %s\t",root[i].file_name);          //文件名
      printf("\t %d\t",i_node[k].file_style);         //文件的类型
      printf(" %d\t",i_node[k].file_length);          //文件的长度
      printf(" %s\n",root[i].dir_name);               //文件所在的目录
      printf("\t\t 文件占用的物理地址\n");
      for(j = 0;j < i_node[k].file_length;j++)        //显示物理地址
      {
        printf(" %d ",i_node[k].file_address[j]);   //文件具体占用的盘块号
      }
      printf("\n");
      break;
    }
  }
  if(i== 640)
  {
    printf("该文件不存在,或者该文件不是正规文件\n");
  }
}
void back_dir()                                       //返回上一级目录
{
  int i,k;
  for(i = 0;i < 640;i++)      //查询和当前目录名相同的目录文件名
  {
    k = root[i].i_num;
    if(strcmp(cur_dir,root[i].file_name)== 0 && (i_node[k].file_style== 0))
    {
      strcpy(cur_dir,root[i].dir_name);   //将查询到的目录文件名所在的目录赋值给当前目录
    }
  }
```

```
}
void display_sys()                              //显示系统信息(磁盘使用情况)
{
    int i,m,k = 0;
    for(i = 0;i < 20449;i++)
    {
      if(memory[i].a== 0)
      k++;
    }
    m = 20449 - k;
    printf("空闲的盘块数: \t");
    printf(" % d\n",k);
    printf("使用的盘块数: \t");
    printf(" % d\n",m);
}
void help()                                     //显示帮助信息
{
    printf("!提醒!创建文件长度小于 100!\n\n");   //说明文件
    printf(" ** 初始化 ------------- format\n");
    printf(" ** 查看当前目录文件列表 ------ dir\n");
    printf(" ** 查看文件 ------------ cat(cat + 空格 + 文件名) \n");
    printf(" ** 查看系统信息 ---------- ls\n");
    printf(" ** 创建目录 ------------- md(md + 空格 + 目录名) \n");
    printf(" ** 创建文件 ------------- vi(vi + 空格 + 文件名 + 文件长度) \n");
    printf(" ** 删除文件 ------------- del(del + 空格 + 文件名) \n");
    printf(" ** 删除目录 ------------- deldir(del + 空格 + 目录名)\n");
    printf(" ** 进入当前目录下的指定目录 ----- cd(cd + 空格 + 目录名)\n");
    printf(" ** 返回上一级目录 ---------- cd..\n");
    printf(" ** 显示命令菜单 ----------- help\n");
    printf(" ** 退出文件模拟 ----------- exit\n");
}
main()                                          //主函数
{
    char tmp[10],com[10],tmp1[10],k;
    struct command tmp2[10];
    int i, j = 0,p,len = 0;
    static int time = 0;
    int count = 0,z = 1;
    char num[size];
    char array[size] = {'1','2','3','4','5','6'};
    printf("\t\t\t ** 欢迎使用我的文件系统 ** \n\n\n");
    printf("请输入六位密码: \n");
    while (z)                                   //此处实现登录验证功能
    {
      for(i = 0;i < size;i++)
      {
        num[i] = getch();
        printf(" * ");
      }
      for(i = 0;i < size;i++)
```

```
    {
      if(num[i]== array[i]) count++;     //count 用于判断输入密码是否与原密码一致
    }
    if(count== size)
    {
      printf("\n 密码正确!您获得文件操作权利@_@\n");
      z = 0;
      printf("\n 程序将在 2 秒后准备好......\n");
      Sleep(2000);
    }
    else
    {
      time++;
      z = 1;
      if (time== 3)                      //此处控制输入密码的次数
      {
        printf("\n 对不起,您输入超过三次,您无权使用程序!\n");
        return ;
      }
      printf("\n 密码错误!\n");
      printf("请重新输入通行密码: \n");
    }
  }
  FILE * fp;
  help();                                //显示 help 函数中的命令提示界面
  strcpy(cmd[0].com,"format");           //将各个命令写进命令表
  strcpy(cmd[1].com,"dir");
  strcpy(cmd[2].com,"cat");
  strcpy(cmd[3].com,"ls");
  strcpy(cmd[4].com,"md");
  strcpy(cmd[5].com,"vi");
  strcpy(cmd[6].com,"del");
  strcpy(cmd[7].com,"deldir");
  strcpy(cmd[8].com,"cd");
  strcpy(cmd[9].com,"cd..");
  strcpy(cmd[10].com,"help");
  strcpy(cmd[11].com,"exit");
  if((fp = fopen("system","rb"))== NULL) //判断系统文件是否存在
  {
    printf("无法打开文件!\n");
    printf("格式化虚拟磁盘? Y / N \n");
    scanf(" %c",&k);
    if(k== 'y')
    format();
  }
  else
  {
    read_file(fp);                       //读取系统文件的内容
  }
```

```
while(1)
{
  j = 0;
  strcpy(tmp,cur_dir);
  while(strcmp(tmp,"root")! = 0)
  {
    for(i = 0;i < 640;i++)
    {
      p = root[i].i_num;
      if(strcmp(tmp,root[i].file_name)== 0 && (i_node[p].file_style== 0))
      {
        strcpy(tmp2[j].com,tmp);
        j++;
        strcpy(tmp,root[i].dir_name);
      }
    }
  }
  strcpy(tmp2[j].com,tmp);
  for(i = j;i >= 0;i-- )
  {
    printf(" % s/",tmp2[i].com);
  }
  scanf(" % s",com);                      //输入命令并且在命令列表中查找该命令
  for(i = 0;i < 12;i++)
  {
    if(strcmp(com,cmd[i].com)== 0)
    {
      p = i;
      break;
    }
  }
  if(i== 12)
  {
    p = 13;
  }
  switch(p)
  {
    case 0: format();                     //format 指令,初始化
    break;
    case 1: display_curdir();             //dir 指令,查看当前目录下的文件列表
    break;
    case 2: scanf(" % s",tmp);            //cat 指令,查看文件
    open_file(tmp);
    break;
    case 3: display_sys();                //ls 指令,查看系统信息
    break;
    case 4:scanf(" % s",tmp);             //md 指令,创建目录
    create_dir(tmp);
    break;
    case 5: scanf(" % s",tmp);            //vi 指令,创建文件
```

```
        scanf("%d",&len);
        create_file(tmp,len);
        break;
        case 6: scanf("%s",tmp);                //del 指令,删除文件
        for(i=0;i<640;i++)                      //判断文件是不是正规文件
        {
          j=root[i].i_num;
          if(strcmp(tmp,root[i].file_name)==0 && (i_node[j].file_style)==1)
          {
            del_file(tmp);
            break;
          }
        }
        if(i==640)
        {
          printf("这个不是正规文件\n");
        }
        break;
        case 7:
        scanf("%s",tmp);                        //deldir 指令,删除目录
        del_dir(tmp);
        break;
        case 8: scanf("%s",tmp1);               //cd 指令,进入当前目录下的指定目录
        display_dir(tmp1);
        break;
        case 9: back_dir();                     //cd..指令,返回上一级目录
        break;
        case 10:help();                         //help 指令,显示命令提示窗口
        break;
        case 11:write_file(fp);                 //quit 指令,将磁盘利用信息写进系统文件,退出
        printf("感谢您对本系统的支持,欢迎再来!\n");
        return;
        default:printf("抱歉,没有该命令\n");
        break;
      }
    }
}
```

程序说明:

该程序需要在 VC++ 6.0 环境下调试运行,运行首界面需要用户输入密码,设定的密码为"123456",密码输入 3 次错误则取消使用权限。密码输入成功后进入文件系统的主界面,如图 11-1 所示。创建目录,改变当前工作目录,创建新文件,查看当前目录文件列表,返回上级目录以及查看系统信息等操作演示如图 11-2 所示。当用户输入 exit 命令后退出系统。

通过该参考程序,可以了解以下几个方面的内容:

(1) 二级文件系统的结构。

(2) 磁盘存储空间的管理。

(3) 文件目录结构。

```
请输入六位密码:
******
密码正确!您获得文件操作权利@_@

程序将在2秒后准备好......
!提醒!创建文件长度小于100!

** 初始化------------------------format
** 查看当前目录文件列表-----------dir
** 查看文件----------------------cat(cat + 空格 + 文件名)
** 查看系统信息------------------ls
** 创建目录----------------------md(md  + 空格 + 目录名)
** 创建文件----------------------vi(vi  + 空格 + 文件名 + 文件长度)
** 删除文件----------------------del(del + 空格 + 文件名)
** 删除目录----------------------deldir(del + 空格 + 目录名)
** 进入当前目录下的指定目录-------cd(cd + 空格 + 目录名)
** 返回上一级目录----------------cd..
** 显示命令菜单------------------help
** 退出文件模拟------------------exit
无法打开文件!
格式化虚拟磁盘?  Y / N

root/
搜狗拼音 半:
```

图 11-1　文件系统初始界面

```
** 删除文件----------------------del(del + 空格 + 文件名)
** 删除目录----------------------deldir(del + 空格 + 目录名)
** 进入当前目录下的指定目录-------cd(cd + 空格 + 目录名)
** 返回上一级目录----------------cd..
** 显示命令菜单------------------help
** 退出文件模拟------------------exit
root/
format
初始化完成
欢迎进入文件模拟系统...

root/md dir1
root/cd dir1
root/dir1/vi file1 20
root/dir1/dir
                文件名字  文件类型  文件长度  所属目录
                  file1       1        20       dir1
root/dir1/cd..
root/dir
                文件名字  文件类型  文件长度  所属目录
                  dir1        0        4        root
root/ls
空闲的盘块数:   20425
使用的盘块数:   24
搜狗拼音 半:
```

图 11-2　文件系统使用操作演示

(4) Windows 环境中,实现二级文件系统的基本步骤。

第12章 Windows 下生产者-消费者问题模拟程序设计

12.1 实验目的

1. 熟悉经典的进程同步问题,掌握基本的同步互斥算法,理解生产者和消费者模型。
2. 了解 Windows 中多线程的并发执行机制,线程间的同步和互斥。
3. 学习使用 Windows 中基本的同步对象,掌握相应的 API。

12.2 实验内容

生产者-消费者问题是一个经典的进程同步问题。该问题最早由 Dijkstra 提出,用以演示他提出的信号量机制。要求设计在同一个进程地址空间内执行的多个线程。生产者线程生产物品,然后将物品放置在一个空缓冲区中供消费者线程消费。消费者线程从缓冲区中获得物品,然后释放缓冲区。当生产者线程生产物品时,如果没有空缓冲区可用,那么生产者线程必须等待消费者线程释放出一个空缓冲区。当消费者线程消费物品时,如果没有满的缓冲区,那么消费者线程将被阻塞,直到新的物品被生产出来。

本实验要求设计并实现一个进程,该进程拥有 3 个生产者线程和 3 个消费者线程,它们以互斥方式地使用缓冲区,要求如下:

- 生产者消费者对缓冲区进行互斥操作。
- 缓冲区大小为 3,缓冲区满则不允许生产者生产数据,缓冲区空则不允许消费者消费数据。
- 每个生产者线程生产 2 个产品,每个消费者线程消费 2 个产品。

12.3 实验指导

(1) 在 Windows 中,常见的同步对象有:信号量(Semaphore)、互斥量(Mutex)。使用这些对象都分为 3 个步骤,一是创建或者初始化;二是请求该同步对象,随即进入临界区,这一步对应于互斥量的上锁;三是释放该同步对象,这对应于互斥量的解锁。

(2) 本实验主要使用了如下 Windows API 函数:

- 创建线程 CreateThread()。
- 创建信号量对象 CreateSemaphore()。
- 执行 V 操作 ReleaseSemaphore()。
- 执行 P 操作 WaitForSingleObject()。

• 主线程中等待其他线程结束 WaitForMultipleObjects()。

具体用法请参阅本书第 6 章相关介绍。

12.4 参考程序

打开 VC，选择 File 菜单下的 New 命令，新建一个 Win 32 Console Application 项目，在接下来的创建向导中，选择"An empty project."选项，创建一个空的控制台项目。然后选择 File 菜单下的 New 命令，新建一个 C/C++ Source File，在新建的源程序文件中输入如下代码：

```
//源程序名称: Producer_Consumer.cpp
//pv 操作: 生产者与消费者经典问题
//3 个生产者线程,每个线程生产 2 个产品
//3 个消费者线程,每个线程消费 2 个产品
//缓冲区中最多存放 3 个产品
#include <windows.h>
#include <iostream>
using namespace std;
HANDLE empty_Semaphore;             //设置信号量用.empty_Semaphore 表示空的缓冲区的数量
HANDLE full_Semaphore;              //用 full_Semaphore 表示满的缓冲区的数量
HANDLE mutex_Semaphore;             //用 mutex_Semaphore 表示互斥信号量
void Producer(LPVOID pid)           //创建生产者线程
{
    int *p=(int *)pid;
    for (int i=1;i<=2;i++)          //每个生产者线程生产 2 个产品
    {
        WaitForSingleObject(empty_Semaphore,-1);       //对 empty_Semaphore 进行 P 操作
        WaitForSingleObject(mutex_Semaphore,-1);       //对 mutex_Semaphore 进行 P 操作
        cout<<"第"<<*p<<"个生产者准备生产产品"<<endl;
        cout<<"第"<<*p<<"个生产者开始往缓冲区中写数据..."<<endl;  //生产者生产产品
        Sleep(1000);                //延时 1 秒
        cout<<"第"<<*p<<"个生产者生产完毕..."<<endl<<endl;
        ReleaseSemaphore(mutex_Semaphore,1,NULL);  //对 mutex_Semaphore 进行 V 操作
        ReleaseSemaphore(full_Semaphore,1,NULL);  //对 full_Semaphore 进行 V 操作
    }
    return ;
}
void Consumer(LPVOID pid)           //创建消费者线程
{
    int *p=(int *)pid;
    for (int i=1;i<=2;i++)          //每个生产者线程消费 2 个产品
    {
        WaitForSingleObject(full_Semaphore,-1);         //对 full_Semaphore 进行 P 操作
        WaitForSingleObject(mutex_Semaphore,-1);        //对 mutex_Semaphore 进行 P 操作
        cout<<"第"<<*p<<"个消费者准备消费"<<endl;
        cout<<"第"<<*p<<"个消费者开始消费缓冲区中数据"<<endl;  //消费者消费产品
        Sleep(1500);                                    //延时 1.5 秒
```

```
        cout <<"第"<< * p<<"个消费者消费完毕..."<< endl << endl;
        ReleaseSemaphore(mutex_Semaphore,1,NULL);      //对 mutex_Semaphore 进行 V 操作
        ReleaseSemaphore(empty_Semaphore,1,NULL);      //对 empty_Semaphore 进行 V 操作
    }
    return;
}
void main ()
{
    int Data[6] = {1,2,3,1,2,3};                         //消费者和生产者线程的序号
    empty_Semaphore = CreateSemaphore(NULL,3,3,NULL);   //创建信号量 empty_Semaphore
    full_Semaphore = CreateSemaphore(NULL,0,3,NULL);    //创建信号量 full_Semaphore
    mutex_Semaphore = CreateSemaphore(NULL,1,1,NULL);   //创建互斥信号量 mutex_Semaphore
    HANDLE handle[6];                                    //创建 HANDLE 数组 handle
    //以下是创建 3 个消费者和 3 个生产者线程
    handle[0] = CreateThread(NULL,0,(LPTHREAD_START_ROUTINE)(Consumer),&Data[0],0,NULL);
    if (handle[0]== NULL)
    {
        printf("创建第 1 个消费者线程失败 \n");
    }
    handle[1] = CreateThread(NULL,0,(LPTHREAD_START_ROUTINE)(Consumer),&Data[1],0,NULL);
    if (handle[1]== NULL)
    {
        printf("创建第 2 个消费者线程失败 \n");
    }
    handle[2] = CreateThread(NULL,0,(LPTHREAD_START_ROUTINE)(Consumer),&Data[2],0,NULL);
    if (handle[2]== NULL)
    {
        printf("创建第 3 个消费者线程失败 \n");
    }
    handle[3] = CreateThread(NULL,0,(LPTHREAD_START_ROUTINE)(Producer),&Data[3],0,NULL);
    if (handle[3]== NULL)
    {
        printf("创建第 1 个生产者线程失败 \n");
    }
    handle[4] = CreateThread(NULL,0,(LPTHREAD_START_ROUTINE)(Producer),&Data[4],0,NULL);
    if (handle[4]== NULL)
    {
        printf("创建第 2 个生产者线程失败 \n");
    }
    handle[5] = CreateThread(NULL,0,(LPTHREAD_START_ROUTINE)(Producer),&Data[5],0,NULL);
    if (handle[5]== NULL)
    {
        printf("创建第 3 个生产者线程失败 \n");
    }
    WaitForMultipleObjects(6,handle,TRUE, - 1);        //主线程等待其他线程结束
    return;
}
```

程序说明：

该程序中建立了3个生产者线程和3个消费者线程，每个线程生产或消费2个产品，缓冲区大小为3。程序运行结果如图12-1所示。从运行结果可以看出，生产者线程和消费者线程并发运行，利用信号量(Semaphore)和互斥量(Mutex)，生产者和消费者线程实现了先生产后消费的同步关系，以及互斥访问缓冲区。

通过该参考程序，可以了解以下几个方面的内容：

(1) 经典的进程同步问题——生产者和消费者模型。

(2) Windows中多线程的并发执行机制，线程间的同步和互斥。

(3) Windows环境中，利用基本的同步对象——信号量和互斥量，实现线程间同步和互斥程序的设计方法。

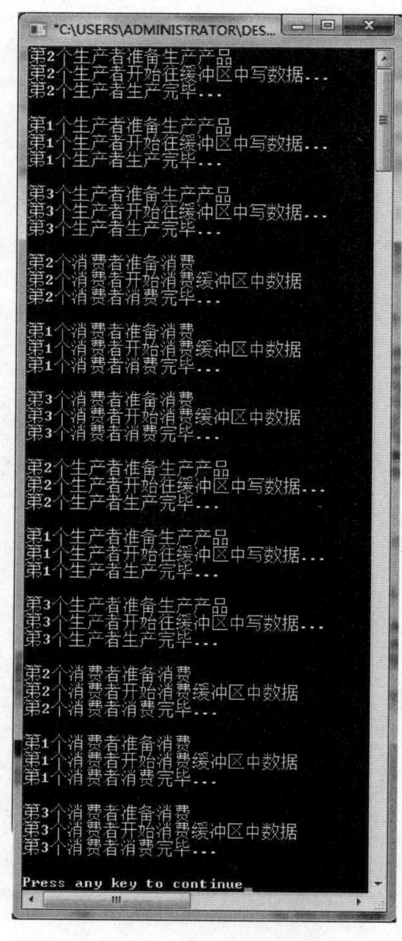

图12-1 生产者-消费者问题运行结果

参考文献

[1] 孙忠秀. 操作系统教程. 北京：高等教育出版社,2003.

[2] 张尧学. 计算机操作系统教程习题解答与实验指导. 北京：清华大学出版社,2000.

[3] 郁红英，李春强. 计算机操作系统实验指导. 北京：清华大学出版社,2008.

[4] 孟庆昌，牛欣源. Linux教程. 北京：电子工业出版社,2009.

[5] 张亦辉，冯华，胡洁. Java面向对象程序设计. 北京：人民邮电出版社,2008.

[6] 电脑编程技巧与维护杂志社. Linux编程典型实例解析. 北京：清华大学出版社,2009.

[7] http://www.ubuntu.org.cn

[8] http://www.gtk.org

[9] http://www.gnome.org